EO VAN DOESBURG

BAUHAUS

GRUNDBEGRIFFE DER NEUEN GESTALTENDEN KUNST

BÜCHER 6

原包豪斯丛书　第六册

新 构 型 艺 术 的 基 本 概 念
Grundbegriffe der neuen gestaltenden Kunst

重访包豪斯　丛书

BAU BOOKS

华中科技大学出版社
http://www.hustp.com
中国·武汉

新构型艺术的基本概念

Grundbegriffe der neuen gestaltenden Kunst

著 [荷] 提奥·范杜斯堡

译 谢明心

图书在版编目（CIP）数据

新构型艺术的基本概念 /（荷）提奥·范杜斯堡
著；谢明心译 . —武汉：华中科技大学出版社，
2021.12
（重访包豪斯丛书）
ISBN 978-7-5680-7670-8

Ⅰ . ①新… Ⅱ . ①提… ②谢… Ⅲ . ①包豪斯 - 建筑
设计 - 研究 Ⅳ . ① TU206

中国版本图书馆 CIP 数据核字（2021）第 236734 号

Grundbegriffe der neuen gestaltenden Kunst
by Theo van Doesburg
Copyright ©1925 by Albert Langen Verlag
Simplified Chinese translation copyright ©2021
by Huazhong University of Science & Technology
Press Co., Ltd.

重访包豪斯丛书 / 丛书主编　周诗岩　王家浩

新构型艺术的基本概念
XINGOUXING YISHU DE JIBEN GAINIAN
著：［荷］提奥·范杜斯堡
译：谢明心

出版发行：华中科技大学出版社（中国·武汉）
　　　　　武汉市东湖新技术开发区华工科技园
电　话：(027) 81321913
邮　编：430223

策划编辑：王　娜
责任编辑：王　娜
封面设计：回　声　工作室
责任监印：朱　玢

印　刷：武汉精一佳印刷有限公司
开　本：710 mm×1000 mm　1/16
印　张：7.75
字　数：128 千字
版　次：2021 年 12 月第 1 版　第 1 次印刷
定　价：49.80 元

投稿邮箱：wangn@hustp.com
本书若有印装质量问题，请向出版社营销中心调换
全国免费服务热线：400-6679-118 竭诚为您服务

当代历史条件下的包豪斯

一

　　包豪斯［Bauhaus］在二十世纪那个"沸腾的二十年代"扮演了颇具神话色彩的角色。它从未宣称过要传承某段"历史"，而是以初步课程代之。它被认为是"反历史主义的历史性"，回到了发动异见的根本。但是相对于当下的"我们"，它已经成为"历史"：几乎所有设计与艺术的专业人员都知道，包豪斯这一理念原型是现代主义历史上无法回避的经典。它经典到，即使人们不知道它为何成为经典，也能复读出诸多关于它的论述；它经典到，即使人们不知道它的历史，也会将这一颠倒"房屋建造"［haus-bau］而杜撰出来的"包豪斯"视作历史。包豪斯甚至是过于经典到，即使人们不知道这些论述，不知道它命名的由来，它的理念与原则也已经在设计与艺术的课程中得到了广泛实践。而对于公众，包豪斯或许就是一种风格，一个标签而已。毋庸讳言的是，在当前中国工厂中代加工和"山寨"的那些"包豪斯"家具，与那些被冠以其他名号的家具一样，更关注的只是品牌的创建及如何从市场中脱颖而出……尽管历史上的那个"包豪斯"之名，曾经与一种超越特定风格的普遍法则紧密相连。

　　历史上的"包豪斯"，作为一所由美术学院和工艺美术学校组成的教育机构，被人们看作设计史、艺术史的某种开端。但如果仍然把包豪斯当作设计史的对象去研究，从某种意义而言，这只能是一种同义反复。为何阐释它？如何阐释它，并将它重新运用到社会生产中去？我们可以将"一切历史都是当代史"的意义推至极限：一切被我们在当下称作"历史"的，都只是为了成为其自身情境中的实践，由此，它必然已经是"当代"的实践。或阐释或运用，这一系列的进程并不是一种简单的历史积累，而是对其特定的历史条件的消除。

历史档案需要重新被历史化。只有把我们当下的社会条件写入包豪斯的历史情境中，不再将它作为凝固的档案与经典，这一"写入"才可能在我们与当时的实践者之间展开政治性的对话。它是对"历史"本身之所以存在的真正条件的一种评论。"包豪斯"不仅是时间轴上的节点，而且已经融入我们当下的情境，构成了当代条件下的"包豪斯情境"。然而"包豪斯情境"并非仅仅是一个既定的事实，当我们与包豪斯的档案在当下这一时间节点上再次遭遇时，历史化将以一种颠倒的方式发生：历史的"包豪斯"构成了我们的条件，而我们的当下则成为"包豪斯"未曾经历过的情境。这意味着只有将当代与历史之间的条件转化，放置在"当代"包豪斯的视野中，才能更加切中要害地解读那些曾经的文本。历史上的包豪斯提出"艺术与技术，新统一"的目标，已经从机器生产、新人构成、批量制造转变为网络通信、生物技术与金融资本灵活积累的全球地理重构新模式。它所处的两次世界大战之间的帝国主义竞争，已经演化为由此而来向美国转移的中心与边缘的关系——国际主义名义下的新帝国主义，或者说是由跨越国家边界的空间、经济、军事等机构联合的新帝国。

"当代"，是"超脱历史地去承认历史"，在构筑经典的同时，瓦解这一历史之后的经典话语，包豪斯不再仅仅是设计史、艺术史中的历史。通过对其档案的重新历史化，我们希望将包豪斯为它所处的那一现代时期的"不可能"所提供的可能性条件，转化为重新派发给当前的一部社会的、运动的、革命的历史：设计如何成为"政治性的政治"？首要的是必须去动摇那些已经被教科书写过的大写的历史。包豪斯的生成物以其直接的、间接的驱动力及传播上的效应，突破了存在着势差的国际语境。如果想要让包豪斯成为输出给思想史的一个复数的案例，那么我们对它的研究将是一种具体的、特定的、预见性的设置，而不是一种普遍方法的抽象而系统的事业，因为并不存在那样一种幻象——"终会有某个更为彻底的阐释版本存在"。地理与政治的不均衡发展，构成了当代世界体系之中的辩证法，而包豪斯的"当代"辩证或许正记录在我们眼前的"丛书"之中。

二

　　"包豪斯丛书"［Bauhausbücher］作为包豪斯德绍时期发展的主要里程碑之一，是一系列富于冒险性和实验性的出版行动的结晶。丛书由格罗皮乌斯和莫霍利-纳吉合编，后者是实际的执行人，他在一九二三年就提出了由大约三十本书组成的草案，一九二五年包豪斯丛书推出了八本，同时宣布了与第一版草案有明显差别的另外的二十二本，次年又有删减和增补。至此，包豪斯丛书计划总共推出过四十五本选题。但是由于组织与经济等方面的原因，直到一九三〇年，最终实际出版了十四本。其中除了当年包豪斯的格罗皮乌斯、莫霍利-纳吉、施莱默、康定斯基、克利等人的著作及师生的作品之外，还包括杜伊斯堡、蒙德里安、马列维奇等这些与包豪斯理念相通的艺术家的作品。而此前的计划中还有立体主义、未来主义、勒·柯布西耶，甚至还有爱因斯坦的著作。我们现在无法想象，如果能够按照原定计划出版，包豪斯丛书将形成怎样的影响，但至少有一点可以肯定，包豪斯丛书并没有将其视野局限于设计与艺术，而是一份综合了艺术、科学、技术等相关议题并试图重新奠定现代性基础的总体计划。

　　我们此刻开启译介"包豪斯丛书"的计划，并非因为这套被很多研究者忽视的丛书是一段必须去遵从的历史。我们更愿意将这一译介工作看作是促成当下回到设计原点的对话，重新档案化的计划是适合当下历史时间节点的实践，是一次沿着他们与我们的主体路线潜行的历史展示：在物与像、批评与创作、学科与社会、历史与当下之间建立某种等价关系。这一系列的等价关系也是对雷纳·班纳姆的积极回应，他曾经敏感地将这套"包豪斯丛书"判定为"现代艺术著作中最为集中同时也是最为多样性的一次出版行动"。当然，这一系列出版计划，也可以作为纪念包豪斯诞生百年（二〇一九年）这一重要节点的令人激动的事件。但是真正促使我们与历史相遇并再度介入"包豪斯丛书"的，是连接起在这百年相隔的"当代历史"条件下行动的"理论化的时刻"，这是历史主体的重演。我们以"包豪斯丛书"的译介为开端的出版计划，无疑与当年的"包豪斯丛书"一样，也是一次面向未知的"冒险的"决断——去论证"包豪斯丛书"的确是一系列的实践之书、关于实践的构想之书、关于构想的理论之书，同时去展示它在自身的实践与理论之间的部署，以及这种部署如何对应着它刻写在文本内容与形式之间的"设计"。

与"理论化的时刻"相悖的是，包豪斯这一试图成为社会工程的总体计划，既是它得以出现的原因，也是它最终被关闭的原因。正是包豪斯计划招致的阉割，为那些只是仰赖于当年的成果，而在现实中区隔各自分属的不同专业领域的包豪斯研究，提供了部分"确凿"的理由。但是这已经与当年包豪斯围绕着"秘密社团"展开的总体理念愈行愈远了。如果我们将当下的出版视作再一次的媒体行动，那么在行动之初就必须拷问这一既定的边界。我们想借助媒介历史学家伊尼斯的看法，他曾经认为在他那个时代的大学体制对知识进行分割肢解的专门化处理是不光彩的知识垄断："科学的整个外部历史就是学者和大学抵抗知识发展的历史。"我们并不奢望这一情形会在当前发生根本的扭转，正是学科专门化的弊端令包豪斯在今天被切割并分派进建筑设计、现代绘画、工艺美术等领域。而"当代历史"条件下真正的写作是向对话学习，让写作成为一场场论战，并相信只有在任何题材的多方面相互作用中，真正的发现与洞见才可能产生。曾经的包豪斯丛书正是这样一种写作典范，成为支撑我们这一系列出版计划的"初步课程"。

三

"理论化的时刻"并不是把可能性还给历史，而是要把历史还给可能性。正是在当下社会生产的可能性条件的视域中，才有了历史的发生，否则人们为什么要关心历史还有怎样的可能。持续的出版，也就是持续地回到包豪斯的产生、接受与再阐释的双重甚至是多重的时间中去，是所谓的起因缘、分高下、梳脉络、拓场域。当代历史条件下包豪斯情境的多重化身正是这样一些命题：全球化的生产带来的物质产品的景观化，新型科技的发展与技术潜能的耗散，艺术形式及其机制的循环与往复，地缘政治与社会运动的变迁，风险社会给出的承诺及其破产，以及看似无法挑战的硬件资本主义的神话等。我们并不能指望直接从历史的包豪斯中找到答案，但是在包豪斯情境与其历史的断裂与脱序中，总问题的转变已显露端倪。

多重的可能时间以一种共时的方式降临中国，全面地渗入并包围着人们的日常生活。正是"此时"的中国提供了比简单地归结为西方所谓"新自由主义"的普遍地形更为复杂的空间条件，让此前由诸多理论描绘过的未来图景，逐渐失去了针对这一现实的批判潜能。这一当代的发生是政治与市场、理论与实践奇特综合的"正在进行时"。另一方面，"此地"的中国不仅是在全球化进程中重演的某一地缘政治的区域版本，更是强烈地感受着全球资本与媒介时代的共同焦虑。同时它将成为从特殊性通往普遍性反思的出发点，由不同的时空混杂出来的从多样的有限到无限的行动点。历史的共同配置激发起地理空间之间的真实斗争，撬动着艺术与设计及对这两者进行区分的根基。

辩证的追踪是认识包豪斯情境的多重化身的必要之法。比如格罗皮乌斯在《包豪斯与新建筑》（一九三五年）开篇中强调通过"新建筑"恢复日常生活中使用者的意见与能力。时至今日，社会公众的这种能动性已经不再是他当年所说的有待被激发起来的兴趣，而是对更多参与和自己动手的吁求。不仅如此，这种情形已如此多样，似乎无须再加以激发。然而真正由此转化而来的问题，是在一个已经被区隔管治的消费社会中，或许被多样需求制造出来的诸多差异恰恰导致了更深的受限于各自技术分工的眼、手与他者的分离。就像格罗皮乌斯一九二七年为无产者剧场的倡导者皮斯卡托制定的"总体剧场"方案（尽管它在历史上未曾实现），难道它在当前不更像是一种类似于景观自动装置那样体现"完美分离"的象征物吗？观众与演员之间的舞台幻象已经打开，剧场本身的边界却没有得到真正的解放。现代性产生的时期，艺术或多或少地运用了更为广义的设计技法与思路，而在晚近资本主义文化逻辑的论述中，艺术的生产更趋于商业化，商业则更多地吸收了艺术化的表达手段与形式。所谓的精英文化坚守的与大众文化之间对抗的界线事实上已经难以分辨。另一方面，作为超级意识形态的资本提供的未来幻象，在样貌上甚至更像是现代主义的某些总体想象的沿袭者。它早已借助专业职能的技术培训和市场运作，将分工和商品作为现实的基本支撑，并朝着截然相反的方向运行。这一幻象并非将人们监禁在现实的困境中，而是激发起每个人在其所从事的专业领域中的想象，却又控制性地将其自身安置在单向度发展的轨道之上。例如狭义设计机制中的自诩创新，以及狭义艺术机制中的自慰批判。

四

当代历史条件下的包豪斯，让我们回到已经被各自领域的大写的历史所遮蔽的原点。这一原点是对包豪斯情境中的资本、商品形式，以及之后的设计职业化的综合，或许这将有助于研究者们超越对设计产品仅仅拘泥于客体的分析，超越以运用为目的的实操式批评，避免那些缺乏技术批判的陈词滥调或仍旧固守进步主义的理论空想。"包豪斯情境"中的实践曾经是这样一种打通，艺术家与工匠、师与生、教学与社会……它连接起巴迪乌所说的构成政治本身的"非部分的部分"的两面：一面是未被现实政治计入在内的情境条件，另一面是未被想象的"形式"。这里所指的并非通常意义上的形式，而是一种新的思考方式的正当性，作为批判的形式及作为共同体的生命形式。

从包豪斯当年的宣言中，人们可以感受到一种振聋发聩的乌托邦情怀：让我们创建手工艺人的新型行会，取消手工艺人与艺术家之间的等级区隔，再不要用它树起相互轻慢的"藩篱"！让我们共同期盼、构想，开创属于未来的新建造，将建筑、绘画、雕塑融入同一构型中。有朝一日，它将从上百万手工艺人的手中冉冉升向天际，如水晶般剔透，象征着崭新的将要到来的信念。除了第一句指出了当时的社会条件"技术与艺术"的联结之外，它更多地描绘了一个面向"上帝"神力的建造事业的当代版本。从诸多艺术手段融为一体的场景，到出现在宣言封面上由费宁格绘制的那一座蓬勃的教堂，跳跃、松动、并不确定的当代意象，赋予了包豪斯更多神圣的色彩，超越了通常所见的蓝图乌托邦，超越了仅仅对一个特定时代的材料、形式、设计、艺术、社会做出更多贡献的愿景。期盼的是有朝一日社群与社会的联结将要掀起的运动：以崇高的感性能量为支撑的促进社会更新的激进演练，闪现着全人类光芒的面向新的共同体信仰的喻示。而此刻的我们更愿意相信的是，曾经在整个现代主义运动中蕴含着的突破社会隔离的能量，同样可以在当下的时空中得到有力的释放。正是在多样与差异的联结中，对社会更新的理解才会被重新界定。

包豪斯初期阶段的一个作品，也是格罗皮乌斯的作品系列中最容易被忽视的一个作品，佐默费尔德的小木屋[Blockhaus Sommerfeld]，它是包豪斯集体工作的第一个真正产物。建筑历史学者里克沃特对它的重新肯定，是将"建筑的本原应当是怎样的"这一命题从对象的实证引向了对观念的回溯。手工是已经存在却未被计入的条件，而机器所能抵达的是尚未想象的形式。我们可以从此类对包豪斯的再认识中看到，历史的包豪斯不仅如通常人们所认为的那样是对机器生产时代的回应，更是对机器生产时代批判性的超越。我们回溯历史，并不是为了挑拣包豪斯遗留给我们的物件去验证现有的历史框架，恰恰相反，绕开它们去追踪包豪斯之情境，方为设计之道。我们回溯建筑学的历史，正如里克沃特在别处所说的，任何公众人物如果要向他的同胞们展示他所具有的美德，那么建筑学就是他必须赋予他的命运的一种救赎。在此引用这句话，并不是为了作为历史的包豪斯而抬高建筑学，而是因为将美德与命运联系在一起，将个人的行动与公共性联系在一起，方为设计之德。

五

阿尔伯蒂曾经将美德理解为在与市民生活和社会有着普遍关联的事务中进行的一些有天赋的实践。如果我们并不强调设计者所谓天赋的能力或素养，而是将设计的活动放置在开端的开端，那么我们就有理由将现代性的产生与建筑师的命运推回到文艺复兴时期。当时的美德兼有上述设计之道与设计之德，消除道德的表象从而回到审美与政治转向伦理之前的开端。它意指卓越与慷慨的行为，赋予形式从内部的部署向外延伸的行为，将建筑师的意图和能力与"上帝"在造物时的目的和成就，以及社会的人联系在一起。正是对和谐的关系的处理，才使得建筑师自身进入了社会。但是这里的"和谐"必将成为一次次新的运动。在包豪斯情境中，甚至与它的字面意义相反，和谐已经被"构型"［Gestaltung］所替代。包豪斯之名及其教学理念结构图中居于核心位置的"BAU"暗示我们，正是所有的创作活动都围绕着"建造"展开，才得以清空历史中的"建筑"，进入到当代历史条件下的"建造"的核心之变，正是建筑师的形象拆解着构成建筑史的基底。因此，建筑师是这样一种"成为"，他重新成体系地建造而不是维持某种既定的关系。他进入社会，将人们聚集在一起。他的进入必然不只是通常意义上的进入社会的现实，而是面向"上帝"之神力并扰动着现存秩序的"进入"。在集体的实践中，重点既非手工也非机器，而是建筑师的建造。

与通常对那个时代所倡导的批量生产的理解不同的是，这一"进入"是异见而非稳定的传承。我们从包豪斯的理念中就很容易理解：教师与学生在工作坊中尽管处于某种合作状态，但是教师决不能将自己的方式强加于学生，而学生的任何模仿意图都会被严格禁止。

包豪斯的历史档案不只作为一份探究其是否被背叛了的遗产，用以给"我们"的行为纠偏。正如塔夫里认为的那样，历史与批判的关系是"透过一个永恒于旧有之物中的概念之镜头，去分析现况"，包豪斯应当被吸纳为"我们"的历史计划，作为当代历史条件下的"政治"，即已展开在当代的"历史"：它是人类现代性的产生及对社会更新具有远见的总历史中一项不可或缺的条件。包豪斯不断地被打开，又不断地被关闭，正如它自身及其后继机构的历史命运那样。但是或许只有在这一基础上，对包豪斯的评介及其召唤出来的新研究，才可能将此时此地的"我们"卷入面向未来的实践。所谓的后继并不取决于是否嫡系，而是对塔夫里所言的颠倒：透过现况的镜头去解开那些仍隐匿于旧有之物中的概念。

用包豪斯的方法去解读并批判包豪斯，这是一种既直接又有理论指导的实践。从拉斯金到莫里斯，想让群众互相联合起来，人人成为新设计师；格罗皮乌斯，想让设计师联合起大实业家及其推动的大规模技术，发展出新人；汉斯·迈耶，想让设计师联合起群众，发展出新社会……每一次对前人的转译，都是正逢其时的断裂。而所谓"创新"，如果缺失了作为新设计师、新人、新社会梦想之前提的"联合"，那么至多只能强调个体差异之"新"。而所谓"联合"，如果缺失了"社会更新"的目标，很容易迎合政治正确却难免廉价的倡言，让当前的设计师止步于将自身的道德与善意进行公共展示的群体。在包豪斯百年之后的今天，对包豪斯的批判性"转译"，是对正在消亡中的包豪斯的双重行动。这样一种既直接又有理论指导的实践看似与建造并没有直接的关联，然而它所关注的重点正是——新的"建造"将由何而来？

六

　　柏拉图认为"建筑师"在建造活动中的当务之急是实践——当然我们今天应当将理论的实践也包括在内——在柏拉图看来，那些诸如表现人类精神、将建筑提到某种更高精神境界等，却又毫无技术和物质介入的决断并不是建筑师们的任务。建筑是人类严肃的需要和非常严肃的性情的产物，并通过人类所拥有的最高价值的方式去实现。也正是因为恪守于这一"严肃"与最高价值的"实现"，他将草棚与神庙视作同等，两者间只存在量上的差别，并无质上的不同。我们可以从这一"严肃"的行为开始，去打通已被隔离的"设计"领域，而不是利用从包豪斯一件件历史遗物中反复论证出来的"设计"美学，去超越尺度地联结汤勺与城市。柏拉图把人类所有创造"物"并投入到现实的活动，统称为"人类修建房屋，或更普遍一些，定居的艺术"。但是投入现实的活动并不等同于通常所说的实用艺术。恰恰相反，他将建造人员的工作看成是一种高尚而与众不同的职业，并将其置于更高的位置。这一意义上的"建造"，是建筑与政治的联系。甚至正因为"建造"的确是一件严肃得不能再严肃的活动，必须不断地争取更为全面包容的解决方案，哪怕它是不可能的。这样，建筑才可能成为一种精彩的"游戏"。

　　由此我们可以这样去理解"包豪斯情境"中的"建筑师"：因其"游戏"，它远不是当前职业工作者阵营中的建筑师；因其"严肃"，它也不是职业者的另一面，所谓刻意的业余或民间或加入艺术阵营中的建筑师。包豪斯及勒·柯布西耶等人在当时，并非努力模仿着机器的表象，而是抽身进入机器背后的法则中。当下的"建筑师"，如果仍愿选择这种态度，则要抽身进入媒介的法则中，抽身进入诸众之中，将就手的专业工具当作可改造的武器，去寻找和激发某种共同生活的新纹理。这里的"建筑师"，位于建筑与建造之间的"裂缝"，它真正指向的是：超越建筑与城市的"建筑师的政治"。

　　超越建筑与城市［Beyond Architecture and Urbanism］，是为 BAU，是为序。

王家浩

二〇一八年九月修订

Théo van doesburg

目录

献给朋友和敌人

1917 年，我基于自 1915 年起开始积累的手记完成了本书最初的底稿，并发表于《哲学杂志》［*Het Tijdschrift voor Wijsbegeerte*］（卷 I 和卷 II，1919 年）。本书旨在回应公众的猛烈抨击，合乎逻辑地解释新构型艺术并为其辩护。所幸我在魏玛遇到了马克斯·布尔夏茨，1921 年至 1922 年，在他的帮助下，此书的德语全译本得以完成，且在翻译过程中精简并修改了许多内容，在此向他致以最诚挚的谢意！

1924 年于巴黎

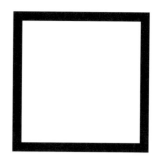

导　言

现代艺术家受到种种诟病，其中最严重的指责就是他们不仅通过他们的作品，还通过他们的言论向公众发话。为此责备艺术家的人忽略了以下两点：首先，艺术家和社会的关系已然转变，这是社会意识层面的转变；其次，正是因为外行人普遍误解现代艺术的表现形式，艺术家才不得不用文字和言语阐释自己的作品。这些作品超出了许多同时代人的认知范围，正是它们自己迫切需要艺术家出来作解释。无论是出于求知还是出于讽刺，艺术家都感到有义务借助语言为自己的作品申辩。

这就是为什么人们总误会现代艺术家，认为他们更像是理论家，误以为他们的作品诞生于先验［a priori］的理论。而事实恰恰相反，理论作为创造性活动的必然产物而诞生。艺术家的写作并非围绕着艺术，而是从艺术中写出。

实际上结果是这样：艺术家要求自己的理论和作品一样准确，以至于他们的言辞也极为抽象。此举有得有失，其益处固然不容小觑，但不足之处在于，对大多数外行人而言，这样的阐释和作品本身一样晦涩难懂，因而不能达到实际目的。

如今造型艺术难以理解的局面，是艺术家兼理论家［Künstler-Theoretiker］和观者双方共同造成的。

从观者的角度看，日常中对艺术思考片刻都是多余，他们从一开始就认定艺术能带来愉悦，同时却并不要求他们付出一星半点的努力。

而艺术家兼理论家们平时很少关心艺术之外的事情，并且相信不是他们需要降至大众的层次（对于他们的创作而言，这当然不必要也不可能），而是大众必须努力达到他们的高度。然而，如果艺术家不施以援手，换言之，如果艺术家没有帮助大众去观看、聆听并且理解他们的作品，大众又如何能与艺术家比肩呢？

大众本身自有其内部世界和外部世界，艺术家则有另外的内外世界，两者截然不同，以至于其间的鸿沟难以跨越。

艺术家从其自身的内外世界中选取与思想相契合的图像以及词语来表达，对艺术家而言，这些都是组成他们所处世界的要素，因而唾手可得。然而大众则有着截然不同的内外世界，而且大众赖以表达其想法的词语也全然承袭了他们所处世界的特征。

如果双方有着不同的内外世界，那么他们的感知自然也难以吻合。接下来我会举例说明，同一个词在不同的语境中，会引出如何相异的解释。

现代艺术家希望以"空间构型"［Raumgestaltung］[1]这个词语来帮助观者看自己的作品。艺术家的工作就在于对空间加以构型，与之息息相关，这个词语之于艺术家就像"骨折"一词之于外科医生一样，是理所当然的。而外行人对空间和构型的理解则完全不同，他顶多会将"空间"理解成中空之所或者一个可度量的表面，而"构型"一词则可能会让他隐约回忆起某种实体形态。于是，他大概会认为"空间"和"构型"两个词合起来，表示有空间深度的实体形态，而且如同往昔艺术家笔下那般借助透视法表现出来。

对于富有创造性的现代艺术家而言，空间不是一个可供量度且界限分明的平面，而是一个关于延展的概念——它产生于一种构型方式（如线和色彩）与另一种构型方式（如图画平面）之间的关系中。这一关于延展或空间的概念涉及一切造型艺术的基本法则，因为艺术家都必须从根本上把握它们。此外，在艺术家眼中，空间还意味着通过赋予形式、平面和线条以紧张关系［Verstraffung］，从而在作品中创造出独特的张力；于艺术家，"构型"一词意味着，将一种形式（或色彩）与空间、与其他形式或色彩之间的关系体现出来，使之可见。

明眼人都能看出，以上两种解释南辕北辙，艺术家与外行人的理解有着根本上的巨大差异。单个词组尚且如此，更遑论让外行人通过庞杂的艺术概念去尝试理解作品了。

然而，不仅外行人是这样，那些以各种方式关心造型艺术的人也并没有好到哪儿去。

如果人们仅仅因为混淆术语概念才不理解或误解造型艺术，倒还容易补救，然而事与愿违，还有别的障碍在干扰理解。

另一个障碍隐含在以下事实中：老一套的造型艺术概念已然过时失效，我们需要基于一整套新的观念，或者说一个新的思想体系，

1__ 中译注："构型"是风格派的关键概念之一。本文最初的荷兰语标题为 *"Grondbegrippen der nieuwe beeldende kunst"*，范杜斯堡选用了德语词 "gestalten" 来对译荷兰语词 "beelden"，1968 年英译本的译者珍妮特·塞利格曼［Janet Seligman］将其对译为 "plastic" "to form" "formation" 等。范杜斯堡对"构型"的阐释中颇为关键的一点为：个体将自己对现实的体验客观化为真实存在的形态（见第一章，第 V 点）；这体现在作品中，便是运用基本元素进行组合、构成，从而达到正形和负形之间的平衡，以揭示出宇宙中潜在的均衡与和谐。因此，他自己和风格派的绘画才会仅凭成直角相交的直线和三原色、黑白灰来作画。甚至可以说，他眼中的"构型"便是将这先验的、均衡和谐的原型揭示出来。为体现这种特质，同时为区别于"赋形""造型"等既有概念，中译将这个词译为"构型"。

给予外行人全新的视点，厘清乃至彻底重建他的观念。正如人们不再以斑蝥［spanische Fliegen］入药一样，如今的绘画已不可能仍囿于维特鲁威［Vitruvius］的假说了。

维特鲁威著有一部关于建筑的大作，其第六部中提到：绘画是对真实存在之物或可能存在之物的描摹[1]，比如一个人、一艘船，或其他为严格勾勒而成的实体形态充当模型的事物。

经验证明，仍有外行人和诸多艺术家坚持着这样的观念。正因为还有如此原始的艺术观念，许多关于新造型艺术的优秀文章和著作必然收效甚微[2]。这些研究文章大多出自艺术史家之手，其中的见解显示出了过于强烈的个人色彩。这些写作产生于带有个人主义偏好的思想和感受，因而并不适合阐明植根于普遍性的创作原理。必须对新造型艺术之本质进行综合提炼，以此取替对各类表现形式的个人化阐释，唯其如此方能触及根本目标。

新的艺术观念与早先艺术观最显著的差异就在于，新的艺术不再致力于突显艺术家的个人特质。新构型是一种极具普遍性的风格意向的产物。

如果和严肃的现代艺术家有日常交往，我们就会发现，他们并不想彰显自己的个性，也不会强迫任何人接受他们的个人观念。根本而言，他们的唯一目标即竭尽所能创作出最好的作品；通过写作拉近与公众的距离，以促进艺术家和社会之间相互理解。显然，欲达成这一目标必定困难重重，而在众多尚可克服的障碍当中，唯有一点几乎不可逾越。这只拦路虎致使艺术家无论是直接通过作品，还是间接透过阐释，都难以让大众理解自己。

这第三个障碍就是官方报纸的批评。这些批评出自一些对艺术知之甚少的外行人之手，他们往往秉承着自己对现代绘画那过时或模糊的观念，写下些粗浅的主观印象。这类批评所严重缺失的就是方法。一旦艺术评论缺少方法，人们就会不可避免地对现代造型艺术的意义感到困惑，因为任凭哪位评论家的个人印象，都不会对公众产生多大的帮助。

我们已经摒弃那些仅仅评论艺术作品而不加以阐明的惯习，我们称那些热衷于此的人为外行批评家。此举并非有意冒犯他们，而是为了明确他们与艺术以及公众之间真正的关系。

应该抵制这类艺术评论。首先，因为它们评论的对象成了艺术家而非艺术作品；再者，（事实上这也是主要原因）这些评论者完全不了解普遍适用的"构型"和"艺术"概念，因而连任何一种批评方法的大门都没摸到。

现代艺术家渴望取消中介，他希望直接通过作品面向大众。如果大众无法理解，那便要由他本人作出说明。

大众误解新艺术的主要原因在于，外行的批评含糊其辞、似是而非，其中对造型艺术的阐释并不清晰，妨碍观者不带偏见地去看、去体验艺术作品。

不带偏见的观看方式已经被无知而自负的传统艺术评论摧毁殆尽，若要恢复，便只有一个方法：**必须建立起基于元素的、普遍可理解的造型艺术基本原则，这正是本书的意图所在。**

1__ 中译注：此处英译"representation"（再现），德译"Abbildung"（描摹）。而在本书第三章中，范杜斯堡将艺术家表达审美体验亦即进行创作的过程分为描摹［abbilden］（模仿）、审美重组（再现）［Darstellung］、构型三个层次。此处维特鲁威所提及的绘画属于第一层次，故根据德语版译出。

2__ 德国、法国、意大利和美国都出现了关于新的造型艺术的著作，针对这一议题的文献总数已经非常可观。

第一章

造型艺术的本质

造型艺术的本质

I. 我们周遭的一切事物都是生命的一种表达。每个生物都有意识或无意识地体验着其所处环境。

众多哲学家和生物学家（如笛卡尔［Descartes］、达尔文［Darwin］、康德［Kant］、冯·乌克威尔［von Üexküll］等）都曾经论证，生灵在有机体秩序中级别越高，就越能意识到自己的体验；级别越低，则越无法意识到其体验。所以我将较低生物对生命的感觉称为本能，而将更高级生物（比如人类）对生命的感觉称为理解力、理性和精神。

让-雅克·卢梭［Jean-Jacques Rousseau］的《爱弥儿》［*Emile*］已然证明，任何一个生命体的体验都有特定的演变过程，这一过程与人从童年到成年的成长历程相符。

例一

如果一个孩子还未曾有过关于空间的体验，他可能会企图捉住离他很远的东西，譬如月亮。当他尝试抓取或奔向远处的事物时，才会渐渐发现有些东西远在天边，而有些东西近在眼前，这个过程只能循序渐进。领悟到这一点之后，他就会明白哪些物体在"近处"，哪些在"远处"，由此开始体验空间并理解自身与空间的关系。

II. 每个生物都会有意识或无意识地将自身对生命的体验化为己用。

因此，对生命的体验都是实用的，而且只要这种实用性和物质条件相关，个体就能够对他所处的环境作出实用的反应，能抱着实用目的行事，能寻求发展。个体最初的体验都基于感官。

哪怕是原始人，也会将体验用于实践。随着物质条件逐渐得到满足，起初完全基于感官的知觉就会开始深化。从这种对生命更深刻的理解中，便涌现出了一种更深层的体验：心理层面的体验[1]。

当其脑海中产生了许多印象[2]之后，如果个体能在其中作出区分、对比、联系和组织，那么智性意识便开始与对生命的觉知结合起来。于是个体对环境的体验变得更自觉、更合乎理性，上升到精神层面。

III. 从最简单的有机体到进化程度最高的个体，一切有机生命体对现实的体验都可以分成以下三种：

a. 感官层面的（视觉、听觉、嗅觉、味觉、触觉）；

b. 心理层面的；

c. 精神层面的。

这三种体验不能截然分离，但倘若其中一种体验占据主导地位，则能决定个体与环境的关系。

例二

由此，我们可以清楚地观察到，狗的体验属于感官层面，它的体验范围仅限于嗅觉、听觉等感官知觉。我们称之为感官的、适用于物质层面的知觉。狗通过感官对环境作出反应。如果摆在它面前的对象（比如一本书或一张图）需要动用除纯粹感官知觉以外的知觉，它就根本不会对这物品感兴趣，或者只动用感官作出反应（比如以为自己真的能闻到这件东西）。如果这种体验无法满足它的物质需求，它就不会再关心这件东西。它被限制在感官体验这一层次，一切能唤起更深层体验的事物都无法进入它的

"世界"，甚至对它来说压根就不存在 [3]。相反，一根香肠就能直接调动起它的所有感知力。

IV. 知觉和对生命的体验［Lebenserfahrung］取决于彼此。

如果个体只能基于外在、从感官层面去感知，那么他的体验也只能是外在的，处于感官层面。

如果个体能更加基于内在、从精神层面去感知，那么他的体验亦会更加内在，处于心理层面。

如果在感官体验之后（比如在一个对象面前），心理层面也发生变化（同时发生或滞后于接受感官刺激），那他的体验就不再限于感官层面。在这种情况下，感官体验只是一种途径，帮助个体更深层次地体验现实。

如果上述变化过程加深了个体对现实的体验，让个体得以凭借理性，清晰地意识到其体验内容，精神层面的现实体验便由此形成。

根据生命体验作出的反应符合体验本身的特质。

V. 当个体对生命的体验属于精神层面，即当他对环境的体验不完全囿于感官和心灵时，基于生命体验的反应也会随之超越感官和心理层面。

1__ 如此心灵［seelischen］体验的产物之一就是宗教。

2__ 中译注：此处英译"experiences"（体验），德译"Eindrücken"（印象）。范杜斯堡认为艺术家对现实的体验先后经过"感官—心理—精神"三个不同的层级，通过感官体验产生印象后，人的心灵（即心理层面）对这一印象进行加工，所以它能以艺术的面貌出现在精神中（见第一、第二章）。故此处指的是通过第一层级感官体验所产生的"印象"，而非更宽泛的"体验"。

3__ 这一点让我们知道，积极的现实是不存在的。"真实"对于每一个体来说都只是他和他所处环境的关系；而事实上，其体验的极限决定了他和环境的关系。

这时，个体对环境的反应便会和例二中的狗不同，狗的反应全然基于物质，是实用的。

感官、心理或精神层面的现实体验，或消极或积极。如果体验能驱使个体对外界作出回应，即为积极的体验；如果不能，则是消极的体验。

更深刻的现实体验（心理和精神层面）会让个体产生一种强烈的渴求（假设体验是积极的）——他欲将这一体验的内容客观化为真实存在的形态，即构型［gestalten］。

VI. 一切艺术的本质和起因都在于：对现实进行积极体验，并以构型活动作出回应。

VII. 艺术作品，即在精神层面积极地体验现实，进而表达或构型出体验的一种方式。

精神层面的现实体验若是积极的，便是审美的；若是消极的，则是伦理的。▄▄▄

第二章

审美体验

审美体验

由上一章可知，艺术是一种表达，和我们对现实的纯粹审美体验相连。

由此我们可以推断出，如果艺术家的积极体验包含审美的内容，那么他们表达这一体验时，也会传达出相应的内容。

VIII. 一切艺术在内容上同气连枝，只有表达手段与方法有所不同。

比如：造型艺术完全凭借着造型来构型，以表达审美体验（通过空间、体积、色彩）；而音乐则完全凭借着有差异的发声来构型，以表达审美体验（通过时间和声音），以此类推。

IX. 审美体验和对体验的表达相辅相成，互为条件。

X. 审美体验在诸多关系之中显现自身。

XI. 这些关系在每种艺术门类独有的表现方法之中凸显。

正形元素和负形元素形成对照，由此产生了诸种艺术的表现方法。

从审美的视角出发，将诸多关系（正形和负形）相互组织起来，是创造性活动的本质。

XII. 无论何种艺术，只有全然运用其特有的方法，方能得出最强有力的表现形式。

若对现实审美体验的构型不超出每种艺术特有表现方法的范围，那么每种艺术门类自身就是纯粹而真实的（图 01 ~ 图 04）。

若构型超出了某艺术门类独有的表现方法，那么该艺术门类就既不纯粹又不真实。

因此，在音乐中，纯粹的表现方法是"声音（正形）和无声（负形）"。作曲家通过声音和无声的关系表达自己的审美体验。

而在绘画中，纯粹的表现方法是色彩（正形）和无色（负形）。画家凭借色彩和无色的关系表达审美体验 [1]。

建筑的纯粹表现方法是平面、团块（正形）和空间（负形）。建筑师赖以表达审美体验的是平面、团块与内部空间以及前两者与空间的关系。

雕塑的纯粹表现方法是体积（正形）和无体积或空间（负形）。雕塑家赖以表达审美体验的则是（一个空间之内的）体积与空间的关系 [2]。

上述及其他艺术门类（诗歌、舞蹈、舞台和电影艺术）都是我们将对现实的审美体验构型出来的方式。

例三

由第 III 点可知，并非所有人都会以同一种方式感受 [3] 同一件事物。在农夫眼中，牛是能繁殖、会产奶的动物，他的视野仅仅局限于牛的这两个用处。如果农夫夸牛"漂亮"，指的是它经过精心照料，健康状况良好、产奶质量高、体型健硕等。

兽医则有不同的见解：他主要留心所有会影响牛健康状况的因素，从解剖学、生物学的角度去审视它。如果他由衷称赞一头牛，就意味着它健康强壮、体格强健。

在牛贩子眼里，牛是一件商品。如果他对一头牛赞不绝口，意味着它能卖个好价钱，带来收益。

在屠夫看来，牛主要是若干磅肉、脂肪和骨头。

由此可见，每个观察者审视这头牛的方式都与各自的职业和才能密切相关。每个观察者的个人体验决定了他眼中牛的"真实"[4]。

画家只能看到上述特征中的一小部分。在这个对象面前，他当然也会有某种特定体验，然而他却能着眼于牛的其他特征——比农夫、牛贩子、兽医等人眼中的特征更具普遍性。之所以更具普遍性，是因为其他对象虽与牛处于截然不同的关系之中，但他仍能在其他对象身上感知到同样的特征。

构型艺术家在牛与四周开放空间的关系中去审视它。他留意到光映照在牛的两胁之上；他将凹陷和突出的部分视为**塑型**[5][Plastik]；在他的感知中，前腿和后腿之间的牛身不是肚子，也不是胸膛，而是一种**张力**，牛脚下的地面则是**平面**。细枝末节根本不能入他法眼，因为他并不关心对象独有的特征。艺术家在牛与周遭环境的有机联系中去感受它。如果牛开始动起来，他便会有新的体验：将随之产生的某种特定过程与周期性的不规则运动视作**韵律**。他不需要始终对牛躯体本身的存在保持醒觉，在他看来，牛的身躯随着运动在空间中不断增多——不是作为实体的存在而增多，而是在艺术家的构型想象中抽象地得以复制。

1__ "色彩"指所有明亮的色调（确切而言，红色、蓝色和黄色）；"无色"则是指黑色、白色和灰色。

2__ 因此，将艺术方法拆解成正形元素和负形元素只是一种手段，借此尽可能准确地定义表现方法的根本价值。显然，在艺术作品中，这种二元性可以被消解，创作活动可以让二者互换。这意味着，负形元素（比如绘画中的无色平面）可以变成正形，由此，负形元素和与之对立的元素（在本案例中是色彩）价值均等。

究其本质，**构型是正形与负形的平衡，从而构成准确、和谐的统一体。**

3__ 中译注：此处德译"empfinden"，英译"experience"。英译版用"experience"对译了"Erfahrung"（体验）、"Erlebnis"（经历）、"empfinden"（感受）、"wahrnehmen"（感知）等意思相近的词，其中涉及本书关键概念处，中译将略作区分，并作注说明。

4__ 从哲学的立场看，将各种相关体验汇总起来就能表现出绝对的真实，然而这超出了艺术家所能体验到的范围。由于本书仅致力于探讨审美真实，我们就不延伸到哲学层面的考量了。

5__ 中译注：英译"sculpture"，而德语词"Plastik"有着比"雕塑"更广泛的含义。根据后文的"张力""平面"可以判断，此处关乎艺术家体验现实的构型视角，若遵照英译，容易引向过于狭窄、局限于雕塑这一艺术门类的理解；同时此处须区别于一般的"形态"或"形式"，故译为"塑型"。

从审美或构型的视角来看，创作法则显而易见；如在造型艺术中，就是尺寸、色彩、空间等的均衡关系。这些关系即**审美特性**［ästhetischen Akzente］，只要艺术家关心造型艺术，眼中别无其他，他就多多少少都会认为这是他作品的根基所在（见第四章"审美体验的表达及其方法"）。

XIII. 审美体验越强烈，就越能在其中覆盖体验对象客观的天然外观。

这意味着：（在我们的例子中）牛变成了牲口、食物和商品；一言以蔽之，牛这一自然中的动物不复存在。对于构型艺术家而言，它成了构型审美特性的综合体，处于诸多色彩关系、形式关系以及诸种对比与张力之中。这多重关系的综合体也囊括了牛身处的环境（地面、空气和背景），由此，我们可以发现艺术家看待牛的方式与兽医、农夫等人还有一处不同。对于后两者来说，地面以及体验对象周遭的各种事物并不能和牛构成一个整体，至少不同属一个有机整体；然而在艺术家看来，这却是成立的：以构型的视角来看，一切事物皆平等，即进入关系之中，因为艺术家的体验在本质上是综合的。

XIV. 在进行审美体验［ästhetischen Erlebnis］¹■ 的过程中，个体的差异转变为有机的无差异。

这意味着，客观上截然两分的事物，在审美层面可以进入统一体中（在我们的例子里，牛和它脚下的土地即是如此）。

XV. 进行审美体验的过程蕴含着艺术家全部的创造能量。

在此过程中，感官知觉——比如视觉感知之于造型艺术——只是途径。艺术家通过感官直接接触现实，他的心灵则作用于被接收到的印象并将其重组，因此这个印象浮现于精神时并不遵循自然，而是以艺术的方式出现。变形［Transfiguration］就发生在形成感官印象到进行审美体验之间。审美特性以全新的方式，将对象从本质上客观化，自然现象在审美特性之中得以重构。²■（图 05 ~ 图 08 ³■）。

由是，艺术家以审美的方式体验现实，而且只有这一体验的过程符合他的整体本性时，他才称得上凭借审美方法让现实重获新生。

显然，进行审美体验的过程囊括了感官和心理层面（见第 Ⅲ 点的 a 和 b），而感官和心理的体验过程并不涉及精神。

若审美在艺术家的体验中占上风，那么他将体验构型出来时也会以审美特性为主 4 ▮。

如果其他成分（比如直面体验对象时的喜恶或怜悯之感）侵入审美体验的过程中，这一过程就会被削弱甚至摧毁殆尽。审美特性就此退到幕后，体验的内容随之改变，这件艺术作品也不再是纯粹审美的作品。在谈及观看艺术作品的章节中，我们将再次讨论这一点。

XVI. 艺术作品的审美价值几何，取决于其审美特性在多大程度上是确定的。

如果审美特性微弱而不确定甚至根本不存在，如果它们可以被别的特性取代，那么在艺术层面，作品便会随之失去意义。

反之，如果审美特性清晰且免受掺杂（两个构型元素的关系达到均衡，诸如色彩和空间的关系、形式与色彩的关系等），而且都被组织进构型统一体中，只关乎该艺术门类特有的表现方法，那么这样的艺术作品就称得上准确（图 09 ~ 图 11）。▬▬▬▬

1__ 中译注："Erlebnis"和前文中的"Erfahrung"在英译本中均对译为"experience"。本章语境中的"ästhetischen Erlebnis"指代进行审美体验的经历或行为，而"Erfahrung"则是艺术家已经获得的、存在于其头脑中的体验。中译在两者有明显区别处，将"Erlebnis"译为"进行体验的过程""去体验"等，以体现其指代整个动态过程的含义。另外，在第四、第五章中可以发现，和艺术家主体相关、表示艺术家主动去体验时多用"erleben"，而"Erfahrung"则与被艺术家体验的客体连用。

2__ 前文的阐释已经足以说明"构型"和"模仿"的区别，换言之，前者是"再创造"，后者是"重复"。究其本质，构型是正形与负形的平衡，从而构成准确、和谐的统一体。

3__ 我重构自然对象的系列作品（见图 05 ~ 图 08 和图 14 ~ 图 17）仅用于说明创作过程，无意将这种再现方式上升为教条，也无意提倡所有艺术作品都要以类似的方式去重构。为了避免误解，必须声明，这样的重构方式只是我们达到目的之途径。然而，如果艺术家的审美体验仅仅基于关系和比例，就用不着这么一步步重构了。此处展示的作品凭借从自然中借用过来的形态进行变形，这一变形过程是在艺术家的创造意识中发生的。由此，我们就能明白：凭借元素这一艺术的方法，对关系进行构型，其中的整个过程并非抽象的，反倒是"真实"的。在转变的阶段，只有与具象的艺术构型相关时，我们才会去探讨有关"抽象"艺术的问题。

4__ 艺术家如何得出这些审美特性？答案就是通过主观（艺术家之精神）和客观（现实）之间的相互作用。尽管可以肯定，未来的艺术家不再需要为一件艺术作品设立确定的具象题材，但我们必须强调一点：体验现实是所有艺术作品的间接基础。

第三章

混杂的审美体验

混杂的审美体验

即便是过往的艺术家，也多多少少会允许审美特性占据一定的地位。艺术家有多强调审美，取决于审美体验有多纯粹，也取决于他将这些审美特性构型、使之进入审美统一体中的能力（技巧）如何。

如果艺术家的审美体验被对象的其他属性干扰，那么审美特性就会变得不确定、隐入幕后。如此一来，艺术家就无法清晰地表达审美体验了。

这种情况在绘画中很常见，我们将这种前-准确［prä-exakten］绘画[1]中的体验称为混杂的审美体验。

例四

如果画家与乞丐相遇，通过共情，乞丐的窘迫境况在人道层面触动了他，那么，他可能会将关于贫穷的体验转化为与衣衫褴褛者这一表象相关的图像。

1__ 前-准确绘画：二十世纪之前的绘画。

由此诞生出一种关于贫穷的典型图像，但它与艺术构型的关联微乎其微，甚至毫不相干。如果审美特性还残存在作品中，就尚有一丝联系；如果审美特性被其他特性（比如伦理、情感、社会）所取代，便毫不相干。审美特性一旦涉及描述人的境况，哪怕它再强烈，这样混杂的体验也只会催生出介于自然、模仿和艺术之间的混杂艺术构型。

如此一来，审美特性就变得不确定了（图 12、图 13）。

画家凭借绘画的方法，向我们展示乞丐如何受穷，而他同样可以通过其他方式在同一层面上触动人心，例如语词。

在画家与感知对象的关系中，若审美更强势或占主导地位，那么喜恶的情感（个人色彩、个体特征、人道等因素）就会为普遍的审美特性让步更多。画家在艺术作品中强调的并非情感特性，而是审美特性 [1]。艺术构型唯一的任务就是将它们组织进统一体中。同理，在我们的例子中，画家会极力突显乞丐形象的审美特性。

当画家意欲突显审美特性时，便会更着力强调空间与色彩的价值。艺术家将对象中所有偶然的独特性抽象化，借此优先揭示寰宇之内普遍的关系（被个案的独特性所掩盖的均衡、位置、尺寸、数字等），而不是通过与感知对象感同身受来做到这一点。

描摹［Abbilden］（模仿）至此终结，审美**重组**［Umbildung］（再现）［Darstellung］开始，迈进另一现实——比那转瞬即逝的、特殊的、任意的现实更深一层，即寰宇的现实。

任何对造型艺术发展有所影响的艺术作品，都是这样形成的。审美特性在其中一枝独秀，胜过其他任何特性。

如果艺术家希望更进一步，如果他希望接受审美构型的结果，以便全然以审美的方法表现审美理念 [Idee]，他就必须为他的感知对象找到一种全新的、纯粹的审美形式。如果他意欲觅得全新的纯粹审美形式，就必须将感知对象重构（图 14、图 15）。他将感知对象追溯到由元素组成且处于空间中的显现方式，简化并剥除一切偶然性，进而在艺术的关系中将它重新表现出来。

这样一来，艺术家通过相应的手段构型出审美特性本身，即在绘画中运用彩色平面和经过构型的空间［Gestaltungsraum］、在雕塑中运用体积和三维空间等。

这时，审美特性免受束缚，清晰地浮现出来，艺术家通过艺术作品，将它们编入统一体中，审美理念在其中得以构型[2]。

至此，艺术家便完成了重组的过程（先是模仿，然后是再现，最后是构型），开始以准确的方法去构型（见第四章"审美体验的表达及其方法"）（图16、图17）。

尽管运用了如此构型的抽象，但艺术家所表现的仍是现实，只是用了不同的方式，即艺术的方式，而且甚至更为深刻——相较于另一种通过模仿既有感知对象而被表现出来的现实而言。

艺术家凭借纯粹审美方法去构型，以此赋予了现实新的形式。

我们时代的造型艺术就发展到以上高度。

1__ 凡·高［van Gogh］的大量作品都可以说明这一点。
2__ 假如艺术家不希望他的作品径直堕入干瘪的抽象，那么在编组过程中就还会为精神直觉留出空间。但创造性精神直觉仍须受到理性的支配。

第四章

审美体验的表达及其方法

审美体验的表达及其方法

如果我们仔细观察往昔的艺术作品，就会发现，即便是最原始的绘画也有两种不同的表现类型，这二者之间的分野，要从呈现现实的不同形式谈起。其中一种表现方式完全受外部感知对象或表象限制，另一种则更为深刻——外部感知对象在其中的作用仅仅在于启发思考或激发感受。

在第一种情况下，终极目标就是将对象呈现出来，表现方法则为之服务；而在第二种情况下，对象则仅仅是辅助手段。据此，我们可以将第一种简称为"表现物质"的方法，而第二种则是"表现理念"的方法（图18、图19）。

在人们基于物质看待世界的时期，艺术也旨在表现物质，仅限于在物质层面上模仿对象。在别的年代，人们基于更内在的视角去看待世界，那么天然形成的外部形态就只是艺术的辅助手段，协助表现理念或感受（见第一章第 III ~ V 点）。

表现物质的艺术完全受制于实在的形态［körperhaften Formen］，只会让我们产生"这些形态在物质层面上多么漂亮"的想法［Vorstellung］[1]。当然，表现理念的艺术也运用形态，但它们仅用于承载思想或感情活动，借此唤醒观者去体验更内在的美。

我们暂且不去深究再现物质的表现形式[2]在多大程度上属于艺术，作为一种艺术表现形式，表现理念显然更具价值（前提是艺术不甘于模仿自然实在物的外部形态，而是抱着更高远的目标）。

造型艺术在其发展过程中孜孜以求，只为不再困于照搬照抄感知对象与外部形态。艺术曾踏破铁鞋，以觅得只属于自己的领地；然而艺术家还未意识到，唯有在自己专属的领域之内，艺术才能实现其目标。

艺术的首要目标就是去成为艺术，造型艺术必须去构型。若有人反对这一点，只要我们吸收并内化"构型"这一概念，去追问艺术必须加以构型的东西是什么，就能合乎逻辑地回应这些批评。

构型，即直接而明确的表现，是通过纯粹的艺术方法实现的。

亟待构型的内容即艺术家对现实的审美体验。（所有构型价值在艺术上达成平衡。）

形式之于它所表现的内容，就好比身体之于精神。

一旦艺术偏离其本质，不再去构型，不再专注于"使其成型"，一旦艺术只是描摹其形，即间接表达审美体验，而非直接，艺术就会变得既不纯粹又不明确，丧失力量。

对现实的体验是一切艺术作品的先声，至于现实体验是内在还是外在，则取决于对生命的意识。表现理念和表现物质这两种形式分别对应着各自的体验类型。

在表现物质的艺术中，对象限制着感知；在表现理念的艺术中，感知挣脱了枷锁。这取决于人们对世界的理解是浮于表面（自然）还是更为深入（精神）。

在古埃及人那里，表现理念的艺术占上风。生命意识接近内在的程度决定了形式和色彩。在埃及艺术中，形式和色彩变得更确定且更接近本质，个别的细微差异和旁枝末节都被压制；轮廓变得富有张力，色彩变得明晰；基本形式之间的关系得以呈现，取代了个体自然形态中具有偶然性的外观（图20）。

古希腊人则注重表现物质层面的形态（图21）。自然的外部形态取代了寰宇的基本形式。这一切皆因希腊人对生命的意识与自然的外部形态紧密相连。他们希望诸神有血有肉地出现在眼前，且具有极度理想化的自然造型。像埃及艺术那般象征性的形变［Deformationen］，在希腊艺术中几乎不存在。

因此，与希腊人趣味相投的人都会推崇希腊艺术。文艺复兴和每个基于实体原理和物质原理的文明都验证了这一点。

与之相对，中世纪时期出现了一种新的理念。尽管这是一种宗教而非艺术理念，但仍然影响了艺术表现的形式：形式和色彩更富张力且愈加深入。由于宗教才是主流的态度，心理因素被削弱；轮廓变得有棱角而精练，色彩变得更加确定（图22）。

事实上，宗教原则是真实的基原本质［Wesensgrundes］的另一种表现形式。在基督教中，基原本质的二元性体现为神与魔鬼之间的对立（基督和犹大，两种相互对立的处境）。

古典艺术通过宗教象征间接地表现了存在的基原本质，而艺术的发展历程表明，其目标是直接表现这一本质[3]。

1__ 中译注：英译本将"Vorstellung"和"Idee"都对译为"idea"，但二者应当区分开来。在本书的语境之下，"Idee"是亟待加以构型，从而得以表现的理念，此处不能与我们日常所说的"艺术作品背后的创作理念"混同，而是与人们体验现实、认识世界的既定方式相关联，具有某种先验的特质；而"Vorstellung"则是掺杂到艺术家头脑中的主观想法，涉及如怜悯、喜恶等个人情感，只会干扰构型进程。故中译将"Idee"译为"理念"，而"Vorstellung"译为"想法""念头""杂念"等。
2__ 也可以说是模仿艺术和雕塑艺术。
3__ 如果艺术果真能构成统一与和谐，就会包含所有情感，包括宗教和伦理。

如果我们基于历史和传承，假设艺术的目标在于**仅凭艺术的方法而非其他任何方法构型出真实的基原本质**，那么就自然可以推导出，并非所有表现理念的作品都能称得上艺术作品。

如果不澄清这一点，我们将陷入错误看待艺术的危险之中。

试想一下，一件雕塑或一幅画脱胎于某种理念，更接近准确的艺术构型，但只要这些作品的出发点并非艺术理念，那么它们本身显然还称不上构型的艺术作品。即使作品所表现的理念以某种方式触动了我们，也并不能证明它就是构型的艺术。倘若认为"凡是能打动人心或有志于此的东西皆为艺术"，那将导致最荒谬的后果，确切而言，会导致任意性（巴洛克［Barock］）[1] 和半吊子的艺术。

无论我们被哪件作品所触动，都要追根溯源，去深究这到底是什么层面上的触动，而后才能判定它是否为真正的审美构型之作。

至于作品中所表现的理念，也是如此。如果其理念具有截然不同的性质，那它或许也可以触动我们，但这件作品本质上还是有可能与艺术毫不相干。

经验告诉我，大多数人（能理解艺术的人和艺术家也好，外行人也罢）在真正的艺术作品面前无动于衷，然而其他作品却能触动他们（通过唤起他们的其他念头等）。

第三章中的例四可以解释个中缘由。这时，我们需要考量艺术家如何体验其对象。

纵观针对这一问题的诸多观点，我们可以得出结论：只有当艺术家眼中仅看到审美特性之时，换言之，只有审美特性在艺术家的脑海中占据压倒性优势时，其作品才会具有审美的性质。

既然我们已经造出"审美"的概念来指称真实的基原本质之理念，就不难意识到，对这一理念的明确构型是所有艺术的根基。

因而，审美体验是创造性的积极体验，对立于非创造性的消极体验，如乞丐的例子所反映的那种。

XVII. 只有积极的创造性体验能催生出艺术作品，消极体验则做不到。

XVIII. 消极体验只会产生体验对象的复制品。

体验的两极囊括了从艺术到非艺术之间每一个可能出现的节点。艺术发展的整体历程正是在体验的两种可能性之间行进，而这一历程的目标是：将对现实的审美体验明确地构型出来。

艺术家基于积极的创造性体验作出回应，艺术作品由此产生（见第一章第 IV 点）。

创造性体验越强烈，艺术家的回应便随之越激烈。为了表达其体验，他会努力追寻一种方法，让自己的体验真正成为现实。

这一表达方法自然会成为各艺术门类特有的表现方法[2]。

如果艺术家复制体验对象，并结合自己的秉性为这些复制品打上烙印，那么无论如何，这样的表现形式都比不上直接去表达，它始终等而次之，既不清晰，也不确定。

它不能让艺术家的体验直接成为现实，不能准确表现艺术理念，而是一种替代，仅此而已。

1__ 中译注：此处并非指巴洛克时期，范杜斯堡在 1919—1920 年的讲座《古典－巴洛克－现代》中表明了以下观念：人类与宇宙的关系以美的方式（亦即艺术的方式）得以表达，其中的三个重要发展阶段可以被归为古典、巴洛克和现代。然而这并不受限于艺术史中的时间划分，无论艺术作品诞生于哪个时期，只要它被自然的任意性以及独特性所主导，他就认为可以称之为"巴洛克"。这个讲座后来被整理成册，以荷兰语和法语出版。参见 Theo van Doesburg. *Klassiek-Barok-Modern*. Antwerpen: De Sikkel, 1920.

2__ 在关于艺术科学的拙文"新构型原理"["La doctrine de l'art nouveau"，德译"Die neue Gestaltungslehre"]中，我尝试将造型艺术中的元素表现方法简化为一种普遍的共有特征[Generalnenner]。

XIX. 艺术家唯有通过他的构型方法，也只能从这些方法内部，才能直接将他的体验变为现实，并准确表现其理念。

艺术理念能得以构型，有赖于各艺术门类独有的构型方法，即材料（见第二章第XII 点）。

艺术必须以自己的方式、凭借其独有的方法去表现经过构型的理念——无论是造型艺术还是音乐，尤其是绘画。我们当然难以确切地描述经过构型的理念（审美的契机），要阐明它还需动用言语，那便是：均衡的关系——通过两种彼此对立的位置（如垂直对水平），通过尺寸和比例的抵换和消除（例如，尺寸上，小的抵消大的；比例上，窄的抵消宽的）。艺术家的使命就是将审美理念的所有特性构型出来，究其本质，艺术作品就是要让这些特性变得看得见、听得到、摸得着，亦即具体地出现在我们眼前。倘若某件艺术作品能直接表现审美理念（即运用了该艺术门类自身的表现方法，比如声音、色彩、平面、团块），那么它便堪称准确且真实。

之所以称之为准确，是因为它从不谋求以辅助手段表现理念，即不会借助任何与情感或观念挂钩的象征、想法、情绪或倾向等[1]。

之所以称之为真实，是因为构型方法在其中仅充当作品有机统一体的载体，并不具备幻觉再现功能——比如用色彩制造出石头、木头或丝绸的幻觉（物质性），又如以绘画的方法模拟表象上的纵深、模拟雕塑和建筑的幻象等。

欲将审美体验变为现实，便不能指望上述辅助手段，唯有靠构型材料本身：色彩、大理石、石材等；它们必须是表现的直接载体。

如果艺术家使用辅助手段，艺术作品的本质将遭到掩盖，艺术理念也难以变为现实。

究其根本，造型艺术的发展是不断接近一个目标的历程（并非循序渐进，而是时有断续），这一目标便是准确而真实地表现经过构型的理念。在探索具体如何真实地表现的路途中，材料的重要地位愈加凸显，在每种艺术的发展历程中皆是如此。所以，雕塑中有些地方会保留未经处理的材料，具象的形态与之形成对照，正如从材料中生长出来一般。这种方法常见于印象派雕塑（图 23），在印象派绘画中则更为显著。在印象派和后印象派的绘画（运用更加明亮而清晰的色点）中，材料作为艺术作品有机体中的基本组成部分而显露无遗。相反，在写实绘画中，材料并非有机体的基本组成部分，反倒成了制造幻觉式复制品的手段，照搬作品中题材的形态、色彩和特性，因而变得无足轻重。

以后期的弗兰斯·哈尔斯［Frans Hals］和伦勃朗［Rembrandt］为例，他们用更独立、更具创造性的眼光去体验事物外在的形态，不再诚惶诚恐地依附于对象，任自己的创造冲力自由发挥，凭材料来构型（厚涂［Pastosität，英译 impasto］、大面积涂抹颜料、保留笔触），从而表达自己的艺术体验。艺术家慢慢意识到，材料可以充当内容的载体（图24）。

每件艺术作品都能揭示出艺术家与题材之间的关系——是积极的、有创造性的，还是基于模仿与依赖的。若是前者，艺术理念便能得以凸显，不为题材中偶然出现的独特性所遮蔽；而在第二种情形之下，题材就会沦为自然对象的（浅显）复制品。

艺术家（尤其是现代艺术家）通过以下方式，以创造性的视角看待自然：他凭借纯粹的艺术方法将体验构型出来，而且绝非任意而为，而是合乎他所属艺术门类相应的逻辑法则（这些法则是控制创造性直觉的手段）。他将色彩、木材、大理石、石头或者其他任何材料都作为表现方法来使用。艺术家对这些方法的把控如何，决定了他会创造出新的审美对象还是艺术作品。

1__ 一言以蔽之，辅助手段就是形态。当艺术家使用元素的表现方法时，形态便会失效。比如，一个画家凭借色彩构成其作品，那么任何一种形态（无论是自然主义式的幻觉形态还是几何形态）都只会妨碍他表现绘画或者建筑中的均衡。这同样适用于雕塑，简而言之，适用于所有艺术。

这里所说的"形态"，在建筑中表现为装饰。装饰性地运用元素方法，目前在荷兰和比利时的现代建筑中很常见，而这只会妨碍艺术家以建筑的方法去表现。

XX. 如果体验对象仍显而易见地进入作品之中，那么这个对象也是辅助手段，只是处于表现方法内部。此时，表现方式并不准确。

XXI. 如果艺术家通过自身艺术门类的构型方法，直接表达审美体验，这种表现方式才是准确的 [1]。

例五

当我们观看往昔的绘画作品（比如尼古拉斯·普桑 [Nicolas Poussin] 的作品）时，便会为这一事实所震撼：画中人物的身体姿态在日常生活中很不常见，画家却将他们的肉身存在 [Körperhafte] 复制得如此令人信服。风景也经过修饰，树上的叶子、地上的青草、山丘、天空全都惟妙惟肖，但画家无意让所有事物都如此。画中人物的姿态和手势、每个人物脚下的位置都绝非偶然，亦非自然，包括人物组合与外部环境、人物组合与其内部空间所处位置 [Raumstellen] 这两组之间的关系也是如此。显然，画家非常注重姿态和关系——一切都经过仔细斟酌，都按照特定的法则编排，就连光线也不像自然光，而是在整个画面中都很强烈。

这样的绘画在很大程度上是逼真的，但由于画家的特定意图，又与自然不尽相同。为什么？因为画家根据艺术和审美的法则创作（构成性地组织），并不旨在客观清晰地再现自然。相比自然的形态，画家更关心审美意图（图25）。

多姿多彩的自然具有偶然性，诚然十分"如画" [Pittoresk，英译 picturesque]，但比起任凭这些成为主导，画家宁可试着刻意组织人物，让细节处于从属的位置，以求表现出普遍的理念，故而仿佛忽略了与艺术构型法则相对的自然法则。对于他们而言，自然形态仅仅是用以实现艺术目标的手段 [2]。

这个目标即创造出和谐的整体。这个整体历经多重抵换，经过在画面上（根据相对应的关系）抵消人物位置、抵消空间所处的位置、抵消团块和运动的导向 [Führungen]，最终达到整体的均衡，创造出审美的统一体。

在某种程度上，画家的确已经实现了艺术的和谐。之所以说"在某种程度上"，是因为画家并非通过艺术的方法直接去追求艺术目标，他的方法只是间接的——艺术目标被自然形态所掩盖。无论是色彩还是形式，都没有以纯粹的、原本的面貌出现，反而被用来制造出其他东西的幻觉，比如树叶、草、肢体、丝绸、石头等。

画家以自然主义的方法表现艺术理念，便会产生这样的作品。

这类艺术作品既是审美的，又是自然主义的。

这些艺术作品偏离了外在的自然，就此而言是审美的（更加内在）；同时它们又偏离了审美的理念，在这一点上则是自然主义的。它们是分裂的，因此称不上经过精确构型的作品。

构型艺术家的唯一目标即让自己对现实的审美体验成型［Gestalt zu geben］，或者说，构型出自己对万物之基原本质的创造性体验。造型艺术家［Der bildende Künstler］可以把复述故事和讲童话之类的工作留给诗人和作家。若要让造型艺术得以发展进步，唯有重估构型方法的价值并对其进行提纯。明确的绘画方法不是手臂、大腿、树木和风景，而是色彩、形式、线条和平面。

事实上，在造型艺术的整体发展中，方法愈发确切，以便艺术家能单凭构型去表达艺术体验。自从构型方法成为主要的可见因素后，在绘画、雕塑以及部分建筑中，一切不直接属于纯粹表现方法的东西都隐入幕后（图26）。

1__ 当然，艺术家可以完全自由地运用任何科学（比如数学）、任何技术（比如印刷、机器等）和任何材料，来达到准确性。

2__ 几乎无一例外，立体主义的堕落者如今打着"超现实主义"的旗号追求这样一种东西：从自然中借来手段，以达到古典的绘画和谐。虽说在此过程中，他们并没有将自然形态看作其本身，而是视为客观表象，但从艺术的角度看，二者在本质上没有区别。我们可以将其视为新的巴洛克［Neo-Barock］。

至于在向着准确艺术表现演化的过程中，这些方法的重要性如何变化，我们无须逐一罗列 [1]。无论这些不同的流派是否各有体系，我们都可以归结为：对现实审美体验的准确表达大获全胜。

我们可以透过抵消的概念，去理解（审美）理念得以构型的本质。

一个元素抵消了另一个元素。

这样的抵消可见诸自然与艺术；在自然中这或多或少会被个例的任意性所掩盖；而在艺术中（至少在准确的构型艺术中）则显露无遗，清晰可见。

我们虽不能达到完满的和谐，不能让整个宇宙达到完全均衡，但其中万事万物（所有题材）都服从于和谐法则和均衡法则。艺术家有责任发现潜在的和谐与万事万物中普遍存在的均衡，将其构型并揭示其规律性。

通过艺术方法找到宇宙的隐喻，是为（真正准确的）艺术作品。

如例五所示，在以往的作品中，艺术家欲实现艺术上的均衡，便需要以一个人体的位置 [Körperstellung] 去抵消另一个人体的位置，以一个尺寸抵消另一个尺寸，以此类推，即从自然中借来一些手段，让它们相互抵消。

准确的构型艺术作品迈出了一大步——它在不借助其他手段的情况下，仅凭纯粹的艺术方法达到了审美的均衡。

在准确的构型艺术作品中，艺术家直接且真实地表现经过构型的理念，这要归功于他不断抵消表现方法：垂直的位置抵消了水平的位置，类似的情况还有尺寸（小的抵消大的）和比例（窄的抵消宽的）（图 27）。一个平面被另一个（包围着它或是跟它相关的）平面所抵消，色彩也是如此：一种色彩被另一种色彩所抵消（比如蓝色抵消黄色，黑色抵消白色），一组色彩被另一组色彩所抵消，所有彩色平面被无色平面抵消，反之亦然 [2]（图 09 ~ 图 11）。这一方法出自皮特·蒙德里安所著的包豪斯丛书第五卷《新构型》[Neue Gestaltung]。如此一来，通过不断抵消位置、尺寸、比例和色彩，和谐的整体关系与艺术的均衡成为现实，艺术家也随之以最准确的方式实现目标：创造出和谐的构型，以美揭示真。艺术家不再借助间接再现来构型其理念，如借助象征物、从自然中截取的碎片 [Naturausschnitte] 或风俗场景 [Genreszenen] 等，相反，他们直接构型出艺术理念，而且仅凭适用于此的艺术方法就能做到（图28 ~ 图30）。

艺术作品就此独立，成为在艺术上有生命的（构型）有机体，其中的一切都彼此平衡（图31、图32）。

1__ 若有兴趣深入了解，可参考：《从莫奈到毕加索》[Von Monet zu Picasso, Max Raphael, Delphin-Verlag, Munich 1913]；《现代绘画》[Modern Painting, W. H. Wright, 1917]；《绘画中的新运动》[De nieuwe Beweging in de Schilderkunst, Theo van Doesburg, J. Waltman, jr., Delft 1915]；《古典 – 巴洛克 – 现代》[Classique - Baroque - Moderne, Edition de l'Effort Moderne, Paris 1920]；《新构型》[Neue Gestaltung, P. Mondrian, Bauhausbücher 5, Albert Langen Verlag]。
2__ 在印象主义中，我们可以直观地看到这样的抵消。为了得出和谐的印象，印象派艺术家让一种色调 [Ton] 抵消另一种色调。因此，艺术家的表达在这里即"色调关系" [Ton-Verhältnis]。

第五章

观者和艺术作品的关系

观者和艺术作品的关系

艺术是一种表达，表达出我们对现实的艺术体验。构型的（视觉）艺术即运用构型的方法去表现。

音乐艺术则以音乐的方法进行表现。

有些人能对艺术家的表达心领神会而无须任何准备，而有些人则须经过智性铺垫和特定的契机。前者不满足于仅仅与作品建立尚处于无意识或潜意识层面的联结，他们希望自己对作品的看法清晰且自觉。

联系本书所述，结论便可水落石出了：如果我们希望与一件艺术作品建立自觉的联系，那么显然这件作品必须先是自觉的，而且我们需要先领会前文各章中构型艺术概念的基本含义。

从前文可知，就准确的构型艺术而言，单凭各艺术门类独有的方法，便能够表达出对现实的艺术体验（以绘画为例，通过色彩及其与图像平面的关系）。如果还有人对此抱有疑虑，那他们最好还是固守那种间接的、等而次之的"构型"艺术。那种艺术脱胎于其他混杂进来的念头，艺术家未能将艺术理念确定地表达出来。

而那些对这一点深信不疑的人，就该着眼于历史和审美，相信准确的构型艺术对造型艺术至今的发展历程而言，是一种合乎逻辑的延续。在目前的造型艺术中，艺术家同时采用其他方法而非仅运用构型的方法。

艺术家还曾动用文学、象征和宗教的方法，或试图凭借对象唤起观者的某些念头，借此赋予其作品"精神"特性。

欲构型出一个原型，便要先复制；欲写一个故事，便要先复述之；欲谱一曲，必先随其吟唱；同理，欲发展出准确的构型艺术，必先经历不准确且和杂念紧密相连的阶段。

如果观者和古典艺术作品之间的联结并非处于艺术层面，而是另一层面，如完全基于宗教的或仅受感官兴趣驱使，那么，他和准确艺术作品的联结必将如出一辙，此乃经验之谈。

例六

有一次，我与同伴参观博物馆里的希腊和埃及雕塑。我发现他对希腊雕塑赞不绝口，却对埃及雕塑无动于衷。在希腊雕像"饱含健康生命力的美妙人体形态"面前，他目瞪口呆，激动不已。

人体形态并置所产生的和谐令他惊叹不已；至于埃及雕塑（基于审美）所提炼的更广义的平面与尺寸、所达成的和谐，他却漠然置之。他只欣赏艺术作品中无关紧要的部分，试图把它们当作象征性的文字，用笔迹学的方式予以解读；他看着那些浮雕，心中却在尝试通过其中所描绘的事件推断人物的生活习惯。

随后，我向他展示了两幅现代绘画作品，其中一幅在其组构 [Komposition] 中运用了纸牌，他称之为"斯卡特[1] 牌局" [Skatpartie]；另外一幅画则全然贯彻着纯粹的绘画方法进行组构——让矩形平面处于相互对立的位置，令人难以从中感知到任何自然客体，结果他认为这是一盒积木。

在这四种情境中，无论是观看希腊和埃及雕塑也好，两幅现代绘画作品也罢，他的想象力都未曾超越感官层面。

我们可以断定，他对希腊雕塑的反应与感官层面相连，因为他只关心这些人体形态有多匀称健美，参照它们与现实的关系，将它们与现实中的人体形态作对比。

他在埃及雕塑面前的反应同样与感官相连，因为他所见所感的形态以及象征都被间接地与现实（尼罗河、太阳、月亮、农业等）联系起来。

他对第一幅现代绘画作品的见解照例如此，因为他肉眼所见的题材——纸牌——立马让他想起斯卡特牌局。

他对准确构型艺术作品的反应依然照旧。因为他的视觉感知仅限于那些肉眼可见的艺术方法，所以画中所运用的矩形平面便在他的想象中唤起了关于积木的念头，亦即在现实中观察到的儿童玩具。

上述四件艺术作品各自的创作者都并不试图唤起仅与感官层面相连的愉悦（有些画家甚至会混淆这样的愉悦与艺术上的触动，上文例子中的同伴正是其中之一），这些艺术家唯一关心的就是外化自己对现实的精神（审美）体验。因此我们可以下结论：与艺术作品建立艺术（审美）上的联结是例子中的同伴所无法企及的，不论作品准确与否。

人们往往很少被教导如何去接受，所以接触艺术（音乐、造型艺术、文学等）时才总是以这种关乎感官的方式作出回应。鉴于日益增长的无数例证，可以毫不夸张地说，大家在广义的艺术面前，总会将方法与最终目标混为一谈，许多人与艺术作品的联系实际上是他们与艺术方法的联系，而非与艺术本身——他们往往对艺术家的根本目标、艺术的内容、审美的组构特性［Kompositionsakzent］视若无睹。

如果人们和艺术作品的关系仅仅停留在关乎感官的层面，而非与精神层面相连，亦无关审美层面，那么大多数人观看绘画、雕塑中准确的新构型时，自然就不会指望它是件艺术作品，更遑论期待它是准确的构型艺术作品了。

外行人（由于缺乏训练，他们回应艺术作品的方式仅仅与感官相连，因此我将这类人称为外行人）尚且能通过感官去看尼古拉斯·普桑的作品（从中看到人、形象、树木、

1__ 中译注：斯卡特是一种三人玩的纸牌游戏，在德国非常流行。

房屋、风景等），但对于准确的艺术作品而言，这条路就行不通了——除非他仅仅与方法建立联系，单凭这点去观看作品。如此便会发生以下情况：有人在准确的艺术作品面前，觉得当中的色彩效果唤起其感官愉悦（迎合其品味）、深受触动，这当然根本谈不上与艺术作品建立艺术上的联系。

XXII. 观者唯有与艺术作品建立纯粹的审美关系，方能从审美角度掌握准确的造型艺术作品。

这意味着：观看艺术作品时，观者必须在自己的意识中将其重新创造出来 [1]。

醉心于伦勃朗画中的光，痴迷于科内利斯·特罗斯特［Cornelis Troost］[2] 笔下的丝绒绸缎，神往于安东·冯·维尔纳［Anton von Werner］[3] 笔下华丽的漆皮靴子，都是半斤八两。

如果我们以为这种态度就是理解真正艺术作品的准绳，那么在伦勃朗和特罗斯特的例子中，《夜巡》和特罗斯特的贵族肖像画在本质上不相上下。然而，他们的作品正是在本质上绝无可能同日而语。对伦勃朗而言，光也好，丝绸也罢，都仅仅是（基于艺术及审美的）表现方法，而科内利斯·特罗斯特只是为了再现丝绸。

伦勃朗试图以明暗为方法探索出一种空间构型，它是涂绘的［malerisch］、有别于真实的空间。科内利斯·特罗斯特却想用色彩来冒充丝绸。

如果现在有一个人站在伦勃朗的画作前，用与画家同样的方式，不断地去抵换、去穿透、去用一个元素抵消另一个元素（此处是暗抵消明、色彩抵消与之相对的色彩等），而后仿佛能真切地看到伦勃朗曾竭力追求的涂绘构型正在"成为现实"，那么他就掌握了这幅画作在艺术上的本质。观者就此在自己心中参与了构型，在这一点上，甚至可以说他是在自身意识中又进行了一次构型。

这种方式，即创造性的方式，是观看造型艺术的不二法门，除此之外不存在其他任何方式——无论观者面对的是古典艺术还是现代艺术。

在古典艺术中，附加的辅助手段或多或少都会使艺术的目标遭到掩盖；而在现代艺术中，艺术目标往往更清晰、更准确，没有诸多轶事，也没有从自然中借用过来的事物分散观者的注意力，令艺术目标遭到忽视。于是观者便更加渴望再度构型（审美再创造活动）。如果他有意愿恰切地理解这件艺术作品，就必须从更积极的层面对待它。

例七

我们必须着重强调一点：观看准确的艺术作品时，观者不会感知到某个特定的亦即喧宾夺主的细节。在他的印象中，各部分同等重要；他脑海中对此形成的想法不仅参照了各部分本身，还必须反观自身和艺术作品之间的关系。虽然艺术作品的效果很难通过言语表达，但这样描述观者最深刻的感受仍是再恰切不过的：主观与客观在他心中达到平衡，其中直接伴随着自觉意识的苏醒［Bewußtwerden］，他能感受到一种清晰，感受到共时的高度和深度，且这两者无关乎自然关系或空间尺寸；有了这般感受，观者就能进入自觉的和谐状态中，在这里，独自生效的强势特征得到了遏制。

若要说观看艺术作品的体会与宗教的心绪[Gestimmtheit]或超拔[Erhebung]相似，也并非绝无可能，因为艺术作品表现出了最为内在的本质，但二者有一处根本差别，那便是：纯粹艺术体验的过程（包括观看艺术的行为、自觉意识的形成[Bewußtwerdung]以及超拔）并非如梦幻般虚无缥缈；与之相反，欲真切地去体验艺术，这一行为就必须全然切实而自觉。

真正体验艺术的过程绝不是消极的，它促使观者与艺术家一起躬亲体验位置和尺寸、线条和平面之间不断反复的抵消。如此一来，他便会明白，在一个元素不断抵消另一个元素的游戏之中，何以诞生出和谐的关系：每个部分都与其他部分联结到了一起，总体的构型统一体从所有部分中诞生（没有单个局部从总体中跳出来喧宾夺主）。

至此，艺术关系已然迈入全然均衡之境，观者可以参与其中，再也没有什么会让他分心。 ■■■■■

1__ 这并不等同于重构作品的题材。许多人天真地以为，如果他们能从现代艺术作品中认出让艺术家产生灵感的客观题材，他们就完全理解作品本身了。

2__ 中译注：科内利斯·特罗斯特［Cornelis Troost，1696—1750］，荷兰画家、戏剧演员。

3__ 中译注：安东·冯·维尔纳［Anton von Werner，1843—1915］，普鲁士画家。

图版部分

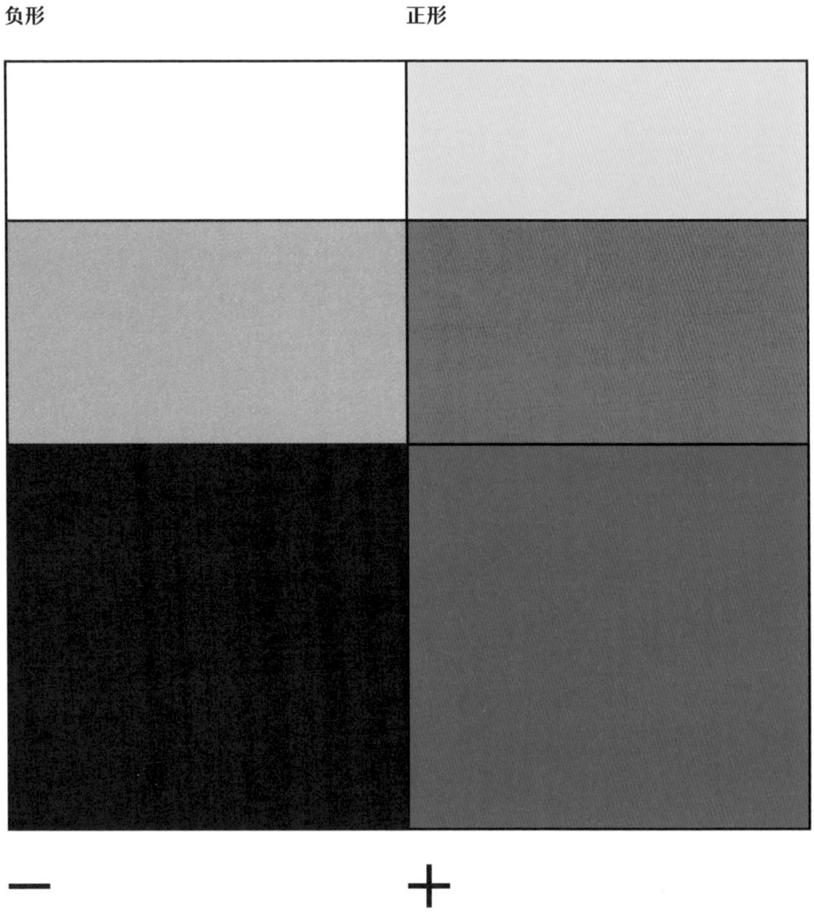

负形　　　　　　　正形

－　　　　　　＋

图 01　　绘画中元素的表现方法

050

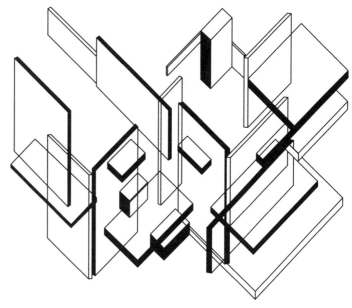

塑型中元素的表现方法　■　图 02
正形 = 体积
负形 = 空隙

建筑中元素的表现方法　图 03
正形：线条、平面、体积、空间、时间
负形：空隙、材料

图 04 ┃ **诸种元素构型方法的综合性构成物**
色彩、线条、平面、体积、空间、时间——建筑

052

06

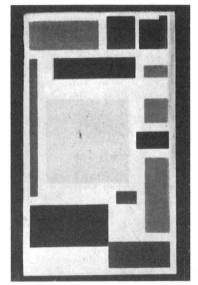

08

05

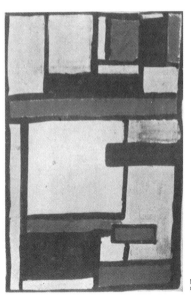

07

对象即是如此经历审美变形　图 05 ~ 图 08

摄影再现 ▌　图 05

强调出关系，但仍保留形态 ▌　图 06

摈除形态 ▌　图 07

图画 ▌　图 08

图 09 ~ 图 11　以元素为方法构成的组构

图 09　　提奥·范杜斯堡
　　　　组构 21 号［Komp. 21］（1921）

乔治斯·范通厄洛［Georges Vantongerloo］
塑型 II 号［Plastik II］(1918)

图 10

055

图 11   提奥·范杜斯堡和科内利斯·范伊斯特伦 [Cornelis van Eesteren]
含工作室的艺术家住宅（1923）

受个人色彩、个体主义或人道因素干扰后，审美特性的不确定表达 **057**

图14 提奥·范杜斯堡
裸体人像的审美重构（1916）

058

提奥·范杜斯堡　图 15
同一人体的空间–时间重构（1916）

图 16　　提奥·范杜斯堡
　　　　　习作（1916）

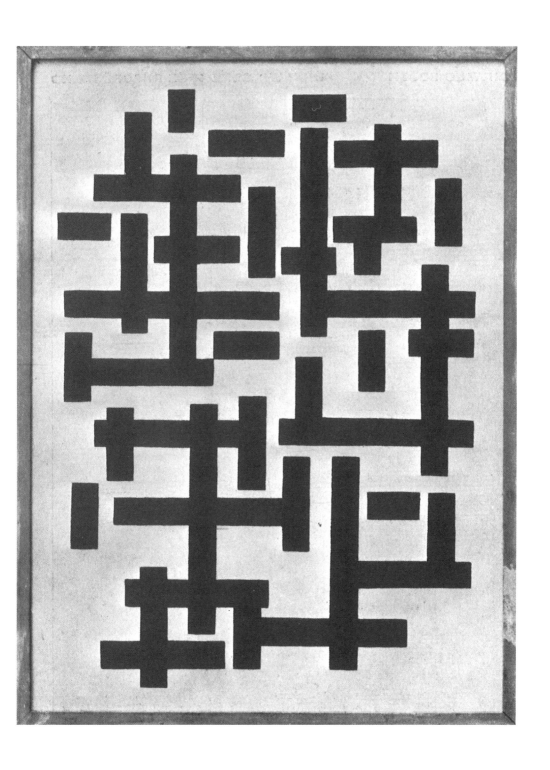

提奥·范杜斯堡
图画（1916）

图 17

图 18 **希罗尼穆斯·博斯**［Hieronymus Bosch］
以表现理念为主

法布里修斯［Fabricius］（伦勃朗画派） 图 19
自画像
以表现物质为主

063

图 20

《荷鲁斯》［*Horus*］（埃及）
表现理念

《戴王冠的人》[*Diadumenos*]（希腊）　　图 21
表现物质

图 22　中世纪绘画（意大利）

图 24　　巴勃罗·毕加索［Pablo Picasso］
《带小提琴的男人》［*Mann mit Geige*］（1918）
立体主义的审美变形。脱胎于混杂审美体验的艺术作品，但审美特性在其中占上风，
对物质的表现有机地融入画面中

尼古拉斯·普桑　　　图 25
《阿卡迪亚牧人》[*Die Hirten in Arkadien*]

图 26　　　鲍尔特·范德莱克［Bart van der Leck］
　　　　　　《风暴》［*Der Sturm*］（1916）
　　　　　　审美体验占上风，等而次之的幻觉制造手段完全从属于绘画构成

皮特・蒙德里安　　图 27
《组构》（1915）
线条和图像平面是仅有的方法

071

图 28 ~ 图 30　三张照片，从不加雕琢的自然到经过加强的光构型

图 28　　**自然（航拍）**

文明（航拍）　■　图 29

构型（纽约的霓虹灯广告）　图 30
摄影：伦贝里 - 霍尔姆［Lönberg-Holm］

073

图 31（外部）和图 32（内部）　建筑中纯粹构型方法的有机综合

图 31　提奥·范杜斯堡和科内利斯·范伊斯特伦
　　　　别墅模型（1923）

提奥·范杜斯堡   图 32
铺满整个大厅的彩色构型
位于科内利斯·范伊斯特伦设计的大学校舍内（1923）（草案）

● **图版说明**

附录

风格派第一份宣言

风格派团体的报告
与"国际进步艺术家联盟"对话（节选）
提奥·范杜斯堡

致敬范杜斯堡
皮特·蒙德里安

风格派第一份宣言 [1]

1. 时代意识有新旧之分。旧的时代意识关乎个体性，而新的时代意识则关乎普遍性。无论是在世界大战还是在当今的艺术中，个体性与普遍性的斗争都显露无遗。

2. 战争使旧世界土崩瓦解，亦包含着其内涵，即个体性在所有领域中的支配地位。

3. 新艺术阐明了属于新时代意识的一点：个体性和普遍性之间的平衡。

4. 新的时代意识已然蓄势待发，在外部生活中也同样能变为现实。

1__ 中译注：根据《风格》杂志英语、德语版宣言译出，参见 Theo van Doesburg. "Manifest I von 'De Stijl', 1918", *De Stijl*, Vol. 2, No.1, 1918: 2-5.

5. 传统、教条和个体性的支配地位（自然的支配地位）横亘在上述实现进程中。

6. 因此，新构型艺术的创始人向所有信奉艺术与文化革新的人发出号召：要消灭发展的绊脚石，正如他们（通过废除模仿自然的形式）为纯粹艺术表达（即所有艺术观念的终极成果）扫清障碍。

7. 新的意识遍布全球，鞭策着当今的艺术家，促使他们在精神层面参与世界大战，反抗独断专横的个人主义与任意性。因此，他们与所有致力于在生活、艺术、文化领域构建国际统一体的人感同身受——无论是在精神层面还是物质层面。

8. 为着这一目标，我们创办《风格》月刊，力图为推进新的生活观念添砖加瓦。

9. 如果您希望与我们合作，可以参照以下几项：

I. 致信《风格》编辑，附上姓名、地址和职业，以示支持；

II. 向《风格》月刊邮寄批评、哲学、建筑、科学、文学、音乐领域的文章或其复制件；

III. 将《风格》的文章翻译为其他语言，宣扬其中的观念。■

合作者共同签署：
提奥·范杜斯堡（画家）
罗伯特·范托夫（建筑师）
维尔莫什·胡萨尔（画家）
安东尼·科克（诗人）
皮特·蒙德里安（画家）
乔治斯·范通厄洛（雕塑家）
扬·维尔斯（建筑师）

风格派团体的报告
与"国际进步艺术家联盟"对话（节选）[1]
提奥·范杜斯堡

I. 我在此为荷兰风格派团体发言。我们必须承担现代艺术的后效，风格派就诞生于这种必要性之中；这意味着，为普遍问题寻求切实的解决方案。

II. 建造对我们而言至关重要，这意味着将建造的方法组织到统一体（构型）中。

III. 要想达成这个统一体，就必须在表现方法中抑制所有任意的主观因素。

1__ 中译注：原文为风格派在"国际进步艺术家大会"上的宣讲稿，以"Rechenschaft der Stylgruppe (Holland)：Gegenüber der Union internationaler fortschrittlicher Künstler"为题刊登在《风格》杂志上。该大会于 1922 年 5 月 19 日至 31 日在杜塞尔多夫举行，范杜斯堡在其中扮演了搅局者的角色，剑拔弩张地宣扬自己的观点，这篇宣讲稿正是其中一场发言。

IV. 我们拒绝一切对形式的主观选择，时刻准备使用客观、普遍的构型方法。

V. 那些不畏惧新艺术思想之后效的人，我们称之为进步艺术家。

VI. 荷兰的进步艺术家一开始就站在国际的立场上，即便在战争期间也是如此……

VII. 这样的国际化的态度得益于我们自身工作的进展，亦即，脱胎于实践。同样，其他国家进步艺术家的发展也促使他们的国际立场成为一种必要。■━━━━━

（刊登于《风格》第 5 卷，1921—1922，第 59 页）

致敬范杜斯堡 [1]
皮特·蒙德里安

即便是对于荷兰而言，世界大战也是一段黯淡悲伤的岁月。人类的情感和跨越国界的往来使得这片免受战火波及的土地也难逃战争带来的压抑与痛苦——尤其是在艺术家群体中。尽管如此，在荷兰，仍有人尚有余裕去关注纯粹精神层面的问题，艺术由此得以继续发展：在此处不得不指出，艺

1__ 中译注：从范杜斯堡筹办《风格》杂志起，蒙德里安就是他艺术生涯中的亲密战友。第一次世界大战后，蒙德里安回到巴黎，与风格派的联系不再如之前那般紧密；而二人最终决裂是在 1925 年前后，很大程度上是因为范杜斯堡在绘画中引入对角线，导致二人艺术理念不合而分道扬镳。1932 年，《风格》发行了最后一期，其中刊登多位艺术家缅怀范杜斯堡的文章。本文正出自该期《风格》，原文为法语，此处根据英译版译出，参见 Piet Mondrian, "Homage to van Doesburg", from Harry Holtzman, Martin S. James (ed. and trans.) . *The New Art-The New Life: The Collected Writings of Piet Mondrian*, New York: Da Capo Press, 1993: 182-183.

术必须沿着战前的方向继续走下去，即朝着纯粹的抽象发展。我在此所讨论的仅仅是艺术在文化上的发展，即艺术作为审美构型的演化。

世间万物都不能免受外部事物的影响，无不遵循着进化的普遍法则而演变。进化决定着进步，它创造了万事万物，而不以万物为转移。

大战爆发前两周，我回到荷兰，一直到战争结束后才离开，其间继续研究如何让艺术摆脱自然主义。早年，我已然压制住了色彩的天然表象（按照分色派和点彩派的做法）；到了巴黎，立体主义又让我发觉，画家也可以压制形式的天然表象。随着研究的深入，我渐渐将形式变得更抽象、将色彩变得更纯粹。经过一番努力，我最终压制住了抽象形式中封闭的表象——不二法门就是仅凭成直角相交的直线（亦即彩色和黑白灰的矩形平面）来表达自己。而正是这时，我遇到了几位志趣相投的艺术家。

首先是范德莱克，先不论他的画仍是具象的，他用统一的平面和纯粹的色彩作画，这种准确的技巧影响着我，让我形成了某种程度上偏向立体主义，因而多多少少具有涂绘性〔painterly〕的技巧。我很欣慰此后不久便遇到了范杜斯堡，他对"抽象"这一已然国际化的运动满怀热忱、跃跃欲试，而且由衷认可我的工作，于是便希望我与他合作，参与到他正在筹办的期刊《风格》的工作中 [1]。我也很高兴能发表自己正在构想的艺术理念，也从中看到了与志同道合者取得联系的希望。

范杜斯堡的才干与勇气令人佩服，我向他致以敬意：他不仅在绘画、建筑、文学领域耕耘，还推动了抽象艺术的发展，并且多年来运营着《风格》杂志——此处仅指我参与合作的那段时期。

提及范杜斯堡，便让我满心欢喜地回想起与其他风格派合作者的友谊：建筑师奥德、范托夫和维尔斯、雕塑家兼画家范通厄洛、画家胡萨尔和作家科克——他们皆为我在荷兰或巴黎的旧识。■■■■■■■■■■■■■■■

1__ 中译注：早在 1915 年，范杜斯堡就希望创办杂志，以宣扬他所倡导的艺术，同时致信咨询蒙德里安，但后者认为当时几乎没有人创作和他们风格相近的艺术作品，他们仅有的素材也不足以撑起期刊的持续发行，故而一直等待时机，直到 1917 年。

包豪斯与风格派

1925 年，提奥·范杜斯堡的《新构型艺术的基本概念》作为"包豪斯丛书"中的第六册问世。范杜斯堡亲自设计护封，而布面封面、内页正文以及插图的版式设计则出自莫霍利-纳吉之手。此书的精神之父范杜斯堡将其献给"朋友和敌人"。无疑，有人已对此书内容有所耳闻，而且任何掌握荷兰语的人可能都已经读过这些论点。此书作为包豪斯丛书出版时，附有一则写于 1924 年的题记，根据其中记录，范杜斯堡早在 1917 年就基于 1915 年的手记完成"最初的底稿"，后来发表于两期《哲学杂志》[Het Tijdschrift voor Wijsbegeerte]（卷 I 和卷 II）。范杜斯堡在题记中继续写道："本书旨在回应公众的猛烈抨击，合乎逻辑地解释新构型艺术并为其辩护。所幸我在魏玛遇到了马克斯·布尔夏茨 [Max Burchartz] [1]，1921 年至 1922 年，在他的帮助下，此书的德语全译本得以完成……翻译过程中精简并修改了许多内容……"

范杜斯堡在魏玛住了大约两年，让人不禁猜测他与包豪斯之间的关系。作为包豪斯的竞争对手与被寄望的他山之石，他迫切地渴望能和包豪斯有更密切的联系。尽管范杜斯堡和包豪斯有时关系紧张，但二者确实有交集——他吸引了一些包豪斯学生聚集到自己身边。范杜斯堡魅力非凡，让这些无疑颇具天资的学生都十分佩服，对他们而言，与范杜斯堡谈天说地比上课有吸引力多了。此举一石激起千层浪，对包豪斯造成相当

1__ 中译注：马克斯·布尔夏茨 [Max Burchartz, 1887—1961] 当时是包豪斯的学生，同时参加了范杜斯堡开设的"风格课程"[De Stijl Kurs]。

大的干扰，因此，也难怪包豪斯大师委员会［Council of Masters of the Bauhaus］不赞成学生拜访范杜斯堡[1]。即便如此，在重要的基本艺术问题上，双方却达成了诸多共识。只要稍微了解包豪斯创办者格罗皮乌斯早期的建筑，比如 1910 年至 1911 年阿尔费尔德的法古斯工厂、1914 年科隆德意志制造联盟展览上的建筑，就会明白，范杜斯堡和风格派团体的艺术观点与格罗皮乌斯的并行不悖且水平相当。毋庸置疑，双方的艺术观点都处于至关重要的位置。

二十世纪二十年代，风格派和包豪斯的争论在魏玛持续发酵，范杜斯堡致信莫霍利 - 纳吉讨论此事，并要求莫霍利将信件内容转达给包豪斯大师委员会。这封信在 1924 年 5 月 1 日于默东［Meudon］写就，今藏于包豪斯档案馆。范杜斯堡的母语并非德语，在信中，他以稍显生硬的语言声明，他初识包豪斯及其艺术活动时，就深受其吸引。"迄今为止，包豪斯和荷兰实用建筑领域取得的成果并驾齐驱，我希望独立于包豪斯之外，以自己的艺术作品和宣传活动加入这场斗争，并在艰难困苦之际支持（包豪斯的）运营，我这么说完全不是出于私心。" 1920 年，格罗皮乌斯第一次从照片中看到风格派成员[2]的作品，就立马对风格派的成果表示肯定，但同时强调，在任何情况下，他都不希望包豪斯受到"教条"束缚，这样才能让每个人都发展出"自身具有创造力的个体性"。由此可见，格罗皮乌斯和范杜斯堡虽然在艺术问题上观点一致，但他们的教学方法有着诸多差异，致使他们在同一所学校里直接合作的前景堪忧。范杜斯堡一在魏玛安顿下来，就预料到自己在包豪斯的前途一片黯淡，他写下了个中缘由："一些人先后聚集到我在霍恩街［am Horn］的住所和在尚岑格拉本街［am Schanzengraben］的工作室，对包豪斯的内部组织大加责难（而我对此一无所知）。他们中不仅有包豪斯的敌人，也有他们的朋友、大师和学生……"但范杜斯堡认为，这样做本质上带着过于强烈的个人色彩，与其听这些烦心事和流言蜚语，不如与包豪斯公开讨论艺术问题。众所周知，他曾坦言，尽管自己的批评非常尖锐，但仅针对他和包豪斯纯然艺术上与理念上的差异，一切都总是基于包豪斯的基本构划而言，除此之外无作他想。

包豪斯的构划与实践之间确实存在矛盾之处。包豪斯仰赖着观念过于保守的国家与市民的殷切期望而存在，面临着经济与政治上的双重危机。上述矛盾大多归因于此，但范杜斯堡作为包豪斯的外人，对这一点知之甚少。这可资解释为什么"共同去完成整体建筑作品无法成为可能"[3]，因为其建构不仅需要智性上的准备，还必须具备那子虚乌有的物质条件。范杜斯堡指出,包豪斯容忍神秘主义观点和宗教色彩存在,偏离或掩盖了"真正的构型问题",这的确击中了包豪斯内部管理的痛处,而他的批评似乎特别针对伊顿[Johannes Itten]的圈子[4]。从 1919 年包豪斯宣言中,不难看出他们被表现主义所感染,由此包豪斯已经在某种程度上偏离了审美的清晰性,而且其创立者早期的作品尚且与生活相关,亦和功能相连,但包豪斯却背离了这两重联系。瓦尔特·格罗皮乌斯没有意识到的是,提奥·范杜斯堡的批评实际上声援了自己。格罗皮乌斯希望实现一个整体协作的包豪斯,这些理念大多出自他本人,而且他早在 1910 年就开始坚持不懈地致力于此。范杜斯堡的存在相当于化学反应中的催化剂,加快化学物质的反应速率,却不跟它们相溶,所以格罗皮乌斯依然完全是他自己。包豪斯明显以风格派为榜样并受其影响的只有印刷设计和家具设计两方面。马塞尔·布劳耶[Marcel Breuer]最早设计的椅子(那时候仍然是木制的)在形式上借鉴了荷兰人里特维尔德[Rietveld]的作品。然而,鲜有具启发意义的理念被真正体现在实际应用中。

1__ 中译注:1922 年 3 月至 5 月,范杜斯堡在魏玛开设了"风格课程",恰选址在时任包豪斯大师保罗·克利的工作室楼上,颇有要与包豪斯唱对台戏的意思;而参加课程的人中,也不乏包豪斯的学生,从中可以窥见范杜斯堡与包豪斯的张力关系。

2__ 中译注:此处原文为"members"。不过范杜斯堡提及他在风格派中的志同道合者时,鲜少用"风格派成员"这个说法,而是称之为"medewerkers",意指共同为这场运动作出贡献的人,或者说是"合作者"。风格派并非内部完全统一、成员间联系密切的艺术团体,每位合作者都各有其面向,相互之间甚至存在着不少分歧。

3__ 中译注:此处出自范杜斯堡 1924 年致莫霍利 - 纳吉的信中他对包豪斯的几点批评:"共同去完成整体建筑作品无法成为可能,因为纪律的缺失,也因为没有一个智识的共同体能将形式大师、作坊大师和学生组织到一起。"参见 Éva Forgács. John Bátki (trans.). *The Bauhaus Idea and Bauhaus Politics*. New York: Central European University Press, 1995: 210.

4__ 中译注:约翰内斯·伊顿[Johannes Itten, 1888—1967],瑞士表现主义画家、教育家,被包豪斯最早聘为形式大师的三位艺术家之一,开创了包豪斯初步课程[Vorkurs]并在很长一段时间内独立负责,直到他 1922 年离开包豪斯。同时,他信奉拜火教[Mazdaznan],一度让自身信仰渗入包豪斯内部,范杜斯堡与他取向相反,但在一些更具有灵活性的包豪斯教师看来,二人同样教条而极端。

当时包豪斯内部批判性的自我反思也很重要。1921 年左右，巨大的精神压力笼罩着包豪斯，几乎让师生联合的队伍四分五裂。包豪斯在很多方面受其限制，却也因此深受滋养，这是我们不能忽略的一点。克利曾经把包豪斯比作"各方力量的游戏"并对此表示赞扬，他把包豪斯当作一个充满张力的场域。穆赫 [Muche] [1] 回忆起包豪斯时，也将其比作"和声" [accord]，并着重强调这并非只是无障碍的"和谐"。包豪斯社群尤其能突显个体成员最与众不同的个人特质，而且，越为整个团体着想，越能容许这些特质发展。包豪斯的这种能力是从危机中磨炼出来的，有机会深入了解包豪斯的敏锐观者，无不为其所触动。我们可以肯定地假设，提奥·范杜斯堡大约也强烈地感觉到这一点，因此转变了自己对包豪斯的激进态度。正如他所言，除了某些个人主义特质以外，包豪斯当然不是"学院式安眠药" [academic sleeping-powder]，也并非"人工制品罐头" [artificial preserve tin] [2]。无论是从包豪斯还是从范杜斯堡的角度看，如果范杜斯堡不尊重包豪斯独一无二的智性力量，那么无论从哪一方的视角出发，都无以想象他的《新构型艺术的基本概念》为何出现在"包豪斯丛书"当中。

其他风格派艺术家则以合作的方式与包豪斯接触。蒙德里安的一幅大型彩色石印版画收录在国立包豪斯印刷的画册中，奥德 [Oud] [3] 在 1923 年 8 月的"包豪斯周"中做过一场名为"荷兰现代建筑之发展历程"的讲座。他们俩人的著作和文章，"包豪斯丛书"均有收录——蒙德里安的文集《新构型艺术》[New Plastic Art]，奥德一系列题为《荷兰建筑》[Dutch Architecture] 的简短研究。当然，当包豪斯受到舆论攻击时，风格派团体中和包豪斯亲近的朋友不太方便坚定地为其撑腰，不过我们还是能理解这种情况，因为包豪斯和风格派之间保持一定距离无可厚非。虽然两者有许多共通之处，但也有着一点儿至关重要且难以调和的分歧。顾名思义，风格派需要风格，需要风格化的形式，需要一种独特的艺术表现模式和方法，并寄望于它能受到普遍的拥护。而格罗皮乌斯和他的追随者则反对固定在某种风格理论中，也不希望创造出"包豪斯风格"。对于包豪斯的教师们来说，有一点远比发展出某种形式更重要——他们的教学工作应该让学生明白自己对艺术的责任，同时也是对社会的责任，从中培养学生的个性。

作为本书编辑，我要感谢默东的内莉·范杜斯堡［Nelly van Doesburg］女士，她一直推广其丈夫的理念；还有阿姆斯特丹的雅费教授［Professor Jaffé］，感谢他为风格派所做的诸多翻译工作。感谢两位鼎力相助，提出许多宝贵建议。■■■■

H. M. 温格勒 [4]■

1__ 中译注：格奥尔格·穆赫［Georg Muche，1895—1987］，德国画家，1920 年进入包豪斯成为形式大师。

2__ 中译注：这两处同样出自范杜斯堡 1924 年的信："然而，包豪斯提出了一项构划，似乎承担着某种使命。所以，我想问，如果包豪斯在拜火教、伊顿主义和个人主义的艺术生产中虚耗精力，那么还要如何达到其目标、实现其构划呢？这是我 1920 年至 1923 年在魏玛时的立场。我的这一观点针对艺术反应的中心、针对所有学院式安眠药和人工制品罐头！"

3__ 中译注：雅各布斯·约翰内斯·彼得·奥德［Jacobus Johannes Pieter Oud，1890—1963］是欧洲重要的现代建筑师之一，早期与包豪斯领导者瓦尔特·格罗皮乌斯齐名。

4__ 中译注：本文系 1966 年本书德文再版时编辑温格勒［H. M. Wingler］所撰的序言，此处根据英译版译出。参见 Theo van Doesburg. Janet Seligman (trans.). *Principles of Neo-Plastic Art*. Greenwich, CT: New York Graphic Society, 1968: VII-X.

提奥·范杜斯堡

　　提奥·范杜斯堡是一位极具创造力的艺术家，同时也是风格派的创始人，他才思敏捷且乐于实践，在二十世纪二十年代的艺术版图中打下了自己鲜明的烙印。他持续十五年的创作生涯始于 1916 年，直到他 1931 年英年早逝为止，其间的创作活动在现代艺术史中留下痕迹，而且是在诸多各自分野且相距甚远的领域。范杜斯堡在艺术上的一大特色正是他多才多艺，能在许多方向上施加影响。如果我们妄图以他艺术才华中的一个截面来囊括他的全部成就，便会歪曲其形象，对现代艺术而言亦有失公允。

　　1883 年，提奥·范杜斯堡生于乌得勒支，那时，他有一个颇具资产阶级色彩的名字"克里斯蒂安·埃米尔·马里耶·屈佩尔"［Christian Emil Marie Küpper］，但他年轻时便改用日后作为艺术家的化名。这个名字蜚声荷兰之外，他正是以此身份一举成为在现代艺术领域颇受争议的人物，同时也成为不屈追求革新的象征。他身处现代艺术先锋辈出的年代：毕加索比他年长两岁，乔治·布拉克［Georges Braque］和伊戈尔·斯特拉文斯基［Igor Stravinsky］比他年长一岁，格罗皮乌斯和埃里希·赫克尔［Erich Heckel］与他同龄。但相对而言，他在荷兰现代主义的拥护者中是位晚辈：十九世纪八十年代，一批诗人和文人为荷兰文化注入新动力，提奥·范杜斯堡比他们年轻得多。而且，风格派的几位共事者都比他年长几岁，比如生于 1872 年的蒙德里安和生于 1876 年的范德莱克。

　　提奥·范杜斯堡十六岁开始习画，这位才华横溢的艺术家年少有为，1908 年时仅二十五岁便在海牙举办首次画展。除了擅长绘画，他还为许多报纸和期刊撰写艺术批评文章（1912 年），尤其是一份当时刚刚创刊的进步报刊《统一》［Eenheid］。身为批评家，提奥·范杜斯堡搜寻信息以了解不同艺术领域中正在发生的事件；他熟悉康定斯基的绘画，理解康氏为何坚定地转向抽象，对其著作《论艺术中的精神》［On *the Spiritual in Art*］所提出的美学观点了如指掌。当时在荷兰，具备这些素养的鉴赏家可谓凤毛麟角，范杜斯堡便是其中之一。

第一次世界大战期间，荷兰虽为中立国，也须全面动员。年轻的范杜斯堡暂停了自己作为艺术家兼批评家的事业，应征入伍，驻守边境，从 1914 年夏天到 1916 年上半年都在军中，也正是在此期间结识了他很敬重的朋友安东尼·科克［Antony Kok］。

自从 1916 年退伍后，范杜斯堡就投身到大量艺术活动中，不断探索新的领域和艺术作品新的可能性，直到他溘逝为止。绘画创作之余，他还开展建筑实验，这也是他的独到之处。范杜斯堡与建筑师奥德、扬·维尔斯［Jan Wils］的合作就要追溯到他得以自由发展的第一年——这几位的合作在 "de Sphinx" 团体中可见一斑 [1]。1917 年，他和奥德一起致力于后者在诺德韦克豪特［Noordwijkerhout］的别墅项目 [2]，范杜斯堡为其内部装饰设计了许多彩色图样，于是两人走得更近，也有了更多艺术上的接触。正是因为范杜斯堡对建筑的浓厚兴趣，加上他在最前卫的绘画领域的深耕，这样的智识氛围才驱使他创立风格派。从文化历史的角度而言，这称得上是他最重要且影响最深远的事迹。

提奥·范杜斯堡还结识了彼时在拉伦［Laren］[3] 工作的蒙德里安和鲍尔特·范德莱克。范杜斯堡常常到他们的工作室中做客，三位画家一起交流经验、汇集各自的成果，由此发展出一种全新的风格。基于此，范杜斯堡和蒙德里安、画家维尔莫什·胡萨尔［Vilmos Huszár］、建筑师奥德、作家安东尼·科克共同创立了风格派。几乎与此同时（即 1917 至 1918 年），鲍尔特·范德莱克、比利时雕塑家乔治斯·范通厄洛、荷兰建筑师扬·维尔斯和罗伯特·范托夫［Robert van't Hoff］这几位建筑师或艺术家也加入了这个团体。1917 年 8 月，风格派凭借其同名杂志首次出现在公众视野中 [4]；1918 年 11 月，风格派发表了第一份宣言，一开篇便是一段激奋人心的话语："时代意识有新旧之分。旧的时代意识关乎个体性，而新的时代意识则关乎普遍性。无论是在世界大战还是在当今的艺术中，个体性与普遍性的斗争都显露无遗。"这份纲领性的声明决定着团体的所有行动，无论是在理论上还是实践上，这批艺术家都一再强调他们的目标是全然的普遍性，尤其是范杜斯堡。风格派的绘画非常抽象——以极其有限的构型语汇为基础，由直线、直角、三原色和三种基本的无色组成，宣示着普遍存在的和谐；风格派最初的建筑设计和早期的雕塑也是如此。构型语汇经过如此大刀阔斧的削减之后，个人色彩便难以渗透进作品之中，使得这个团体的作品整体上像是一部集体创作的全集。风格派的普遍性原理在范杜斯堡的作品中尤为显见，如 1917 至 1920 年间，他的作品除绘画之外还延伸到了建筑和雕塑领域；又如他 1919 年为莱瓦顿［Leeuwarden］设计的抽象纪念碑、1920 年为德拉赫滕［Drachten］设计的建筑。1921 年至 1922 年旅居德国期间，范杜斯堡的普遍性倾向愈加明显，彼时他在魏玛开设课程并因此声名远扬。

尽管上述活动殊途同归，但将它们一一罗列出来，无疑会折损范杜斯堡身上的多样性。在他致力于传播风格派理念并将其付诸实践的同时，他还作为诗人、评论家，为达达主义在荷兰的发展创造平台。为了发表自己的声音诗［sound-poems］和论战文章，他又担起了第二和第三个身份——I. K. 邦赛特［I. K. Bonset］和阿尔多·卡米尼［Aldo Camini］（两个笔名）[5]；他还以提奥·范杜斯堡的名义出版了名为《机械人》［Mécano］的达达主义小册子，后来发行了三期。

1__ 中译注：1916 年 5 月下旬，范杜斯堡和奥德、维尔斯在莱顿共同创立了"de Sphinx"团体；奥德虽未在在风格派宣言中共同署名，但他和维尔斯后来都是风格派的早期合作者。

2__ 中译注：诺德韦克豪特的德万克［De Vonk］度假公馆，建筑由奥德设计，范斯杜堡则负责建筑内部的瓷砖地面等设计。绘画和建筑作为构型艺术的两个门类，在其中合乎逻辑又各自相对独立地结合在一起，同时又能仅凭各自独有的元素进行表现。

3__ 中译注：拉伦位于阿姆斯特丹附近，当时不少艺术家和作家聚居于此。除了蒙德里安和范德莱克，还有一位对风格派有所影响的数学家兼神智学主义者逊马克［M. H. J. Schoenmaekers，1875—1944］，当时他与蒙德里安比邻而居。他 1915 年的著作《新世界构型》［Het nieuwe wereldbeeld］及他常用的术语"beeldend"，在一定程度上影响了蒙德里安，而后者也选用了这一术语来命名自己所倡导的新构型艺术。

4__ 中译注：根据第一期《风格》杂志上标注的日期，该杂志于 1917 年 10 月创刊。

5__ 中译注：I. K. 邦赛特是荷兰语"ik ben zot"的变体，意思是"我疯了"，带有很强的达达式反讽意味；"邦赛特"第一次亮相是 1920 年 5 月在《风格》上发表诗歌"X- 图像"［X-Beelden］。"阿尔多·卡米尼"则在 1921 年 6 月在《风格》上发表了"反哲学"［anti-philosophical］达达主义文章的第一部分；"Aldo Camini"来自意大利语中的两个词语"aldo""camminare"，寓意为"一切陈旧的必须离去"。除了如奥德等密友，其他人都不知道邦赛特和卡米尼就是范杜斯堡本人。

随后几年间，范杜斯堡对建筑产生了新的兴趣。在巴黎艺术品商人莱昂斯·罗森贝格［Léonce Rosenberg］的委托下，范杜斯堡和另外两位风格派合作者科内利斯·范伊斯特伦［Cornelis van Eesteren］[1]、赫里特·里特维尔德[2]一起，为一位艺术家的房子准备了一系列方案。和风格派 1917 年的绘画一样，他们在这一系列设计中将建筑缩减至基本元素，针对空间、空间之清晰以及秩序的问题，提出了革命性的全新解决之道。这一系列设计先后在巴黎、魏玛、南锡展出；那栋由里特维尔德设计、位于乌得勒支的著名住宅[3]就要追溯到这一时期，这一系列方案中的诸多准备工作也以此住宅为契机得到呈现。

范杜斯堡涉猎建筑领域，设计方案透视图，试图在团块之间寻求平衡，这一切复又反映到他的绘画中。《反组构》［Contra Compositions］和他在 1926 年宣言中命名为《元素主义》［Elementarism］[4]的一系列画作都要回溯到 1924 年。这批画作的特征在于，它们由成直角相交的直线组成，且正交直线的组合倾斜于图画平面，呈现出来的效果便更富于动态。而在范杜斯堡的朋友兼合作者蒙德里安眼中，《元素主义》偏离了风格派高度精简的原则，这一追求动态的创新之举导致风格运动中最重要的两位艺术家就此分道扬镳。

《元素主义》中蕴含着风格派的基本原理，同时具有全新的动态面貌。事实证明，正是这一系列作品，让人看到建筑与绘画结合的新可能性。1926 年，范杜斯堡受委托为斯特拉斯堡［Strasbourg］的奥贝特咖啡馆［Café-restaurant L'Aubette］设计室内装潢，于 1927 年完工，这一项目的成果于 1928 年刊登在《风格》杂志的奥贝特特刊上。即便这项设计在第二次世界大战期间因纳粹荒谬的"艺术""伪艺术"观念而毁于一旦，但它仍是二十世纪空间构型的丰碑。范杜斯堡在其中对色彩的运用堪称典范，他让色彩不再为装饰服务，而是能创造空间结构并且为空间定义。完成这个项目之后，范杜斯堡的绘画和建筑创作双管齐下：一方面，他继续推进元素绘画并为其赋予科学依据，于 1930 年创作出第一组"算术组构"［arithmetical compositions］；另一方面，曾启发他绘画作品的精确性精神，在他最后的重要建筑作品中成型，那便是位于默东-瓦尔弗勒里［Meudon-val Fleury］的住宅。在范杜斯堡的构想中，这栋房子既是他的私宅，也是风格派的集体工作室，可惜直到他 1931 年 3 月 7 日在达沃斯［Davos］去世，房子都没有竣工，而那年他还未满四十八岁。

范杜斯堡的形象引人瞩目且颇受争议，他不仅留下了诸多自己创作的绘画与建筑作品，而且在数年艺术生涯中从不吝施予他人，同时还是一场艺术运动的核心；身为风格派的旗手与精神之父，他不仅创办了风格派，还认同达达主义，支持建筑的发展进步；在他生命的尾声，即 1930 年前后，他在巴黎以"具体艺术"[Art Concret]和"抽象 - 创造"[Abstraction-création]团体成员的身份，为推广抽象艺术作出了长远的贡献。他是谁？他是一个怎样的人，一位怎样的艺术家？

安东尼·科克是范杜斯堡的挚友兼风格派合作者，他将范杜斯堡和蒙德里安比作共同构筑起通往新世界之门的两根支柱。这一比喻相当贴切，点出了两位风格派巨擘既统一又对立的关系。在最后一期《风格》杂志即纪念范杜斯堡的特刊中，范伊斯特伦的悼词说明了两人之间更深层次的异同："范杜斯堡革新了生活，他活在一个只有极少人能到达的世界中。他和蒙德里安都未能被世人完全理解，二人以各自的方式向同时代人揭示出新的构型，蒙德里安的方式是静态而平和的，而他则是动态的。诚如他所言，'若想持续更新我们的生活，就要勇于不断将它摧毁；我们一次又一次地毁灭旧的自己，正是为了能建立全新的自我'。"

蒙德里安在生活中贯彻他对普遍和谐的梦想，他的作品构筑了一个乌托邦——一个更鲜明、更清晰的世界；在蒙德里安身旁，还有干劲十足的范杜斯堡，他为之努力的世界亦遵循着和谐与普遍均衡的法则。不过如果这只能在未来实现，他并不会甘心，宁可在自己身处的时代凭这和谐的精神重组并革新世界。正因如此，这位颇有才华的画

1__ 中译注：科内利斯·范伊斯特伦[Cornelis van Eesteren，1897—1988]，荷兰建筑师，1922 年与范杜斯堡相识，1923 年加入风格派。

2__ 中译注：赫里特·里特维尔德[Gerrit Thomas Rietveld，1888—1964]，荷兰家具设计师、建筑师，于 1918 年加入风格派。

3__ 中译注：应是指里特尔德于 1924 年设计的施罗德住宅[Schröderhuis]。

4__ 中译注：1926 年 7 月，《风格》杂志刊登了元素主义宣言的两个片段。

家才会成为建筑师，才会在风格派尚存时 [1] 邀请建筑师加入。提奥·范杜斯堡总是希望自己的方案能被建造出来，能成为现实，他的愿景基于新精神的成果而建构，远离了以往过时的形式。他是一位擅长发现与创新的先锋，还是一个实干的人，这一点从他的工作中就不难发现。曾于二十世纪二十年代在德国师从范杜斯堡的皮特·勒尔[Peter Röhl] 回忆道："在我看来，范杜斯堡的力量在于他的工作具有诸多面向。在那个发展的年代，就个人艺术而言，确实有其他更强大的个体；然而，就自身能量的总体性与完整性而言，范杜斯堡在那场运动最杰出的人物中也堪称出类拔萃。"

H. L. C. 雅费
1965 年夏于阿姆斯特丹 [2]

1__ 中译注：范杜斯堡常常因理念不合而与合作者争吵甚至决裂，由于他难以调和的个体性和风格派内部的分歧，大约在 1922 年前后，大部分早期合作者都远离了范杜斯堡，其中包括奥德、范德莱克、范通厄洛、范托夫、扬·维尔斯和安东尼·科克，胡萨尔也准备离开。而蒙德里安自从 1919 年回到巴黎后，在风格派就不再是个有直接影响力的合作者了。

2__ 中译注：本文系 H. L. C. 雅费 [H. L. C. Jaffé] 为本书 1966 年德语再版所撰后记，此处根据英译本译出。参见 Theo van Doesburg. Janet Seligman (trans.). *Principles of Neo-Plastic Art*. Greenwich, CT: New York Graphic Society, 1968: 69-73.

1925
—
1930

包豪斯丛书